站在巨人的肩膀上

Standing on the Shoulders of Giants

程序是怎样跑起来的（第3版）

TURING
图灵程序设计丛书

[日] 矢泽久雄 / 著　周自恒 / 译

How Program Works

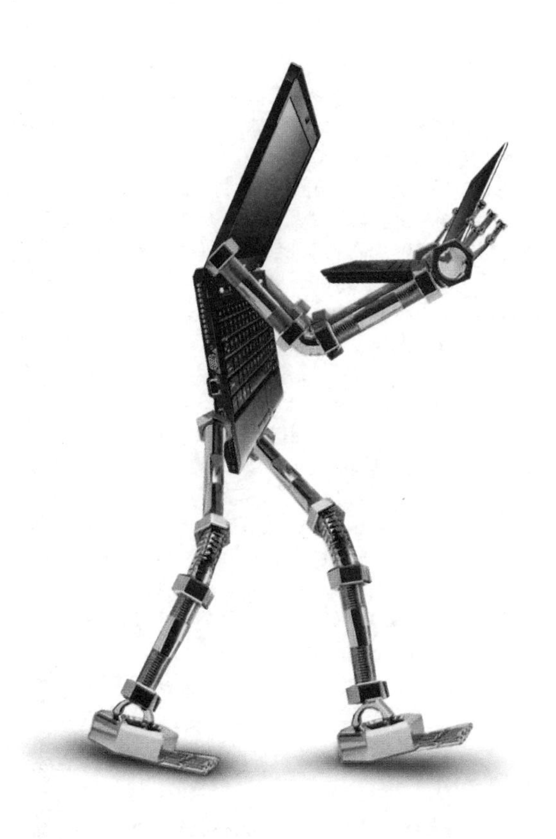

人民邮电出版社
北　京

图书在版编目(CIP)数据

程序是怎样跑起来的：第3版 / (日) 矢泽久雄著；
周自恒译. -- 2版. -- 北京：人民邮电出版社，2022.7（2023.10重印）
(图灵程序设计丛书)
ISBN 978-7-115-59513-3

Ⅰ. ①程… Ⅱ. ①矢… ②周… Ⅲ. ①程序系统—普
及读物 Ⅳ. ①TP31-49

中国版本图书馆CIP数据核字(2022)第107760号

内 容 提 要

本书从计算机的内部结构开始讲起，以图配文的形式详细讲解了二进制、内存、数据压缩、源文件和可执行文件、操作系统和应用程序的关系、汇编语言、硬件控制方法等内容，目的是让读者了解从用户双击程序图标到程序开始运行之间到底发生了什么。书中还专设了“如果是你，你会怎样讲呢？”专栏，以小学生、老奶奶等为对象讲解程序的运行原理，颇为有趣。

第3版升级了书中用到的软件产品和开发工具，并在正文和注释中补充了大量内容，让初学者更容易理解。对于旧版中颇受好评的硬件相关章节，更新了C语言的样例代码。书末附录关于C语言的内容也升级至最新标准。

第12章新增了Python机器学习的内容，让初学者能够轻松体验人工智能的乐趣。附录也增加了对Python语言的介绍。

本书图文并茂，通俗易懂，非常适合计算机爱好者及相关从业人员阅读。

◆ 著　　　　[日] 矢泽久雄
　译　　　　周自恒
　责任编辑　乐　馨　李　佳
　责任印制　彭志环

◆ 人民邮电出版社出版发行　　北京市丰台区成寿寺路11号
　邮编　100164　　电子邮件　315@ptpress.com.cn
　网址　https://www.ptpress.com.cn
　北京鑫丰华彩印有限公司印刷

◆ 开本：880×1230　1/32
　印张：9　　　　　　　　2022年7月第2版
　字数：259千字　　　　　2023年10月北京第8次印刷

著作权合同登记号　图字：01-2021-6172号

定价：59.80元

读者服务热线：(010)84084456-6009　印装质量热线：(010)81055316
反盗版热线：(010)81055315
广告经营许可证：京东市监广登字20170147号

译者序

一次和上小学的儿子 Vita 闲聊，我随口问道："你的笔记本电脑内存是多大的来着？"他不假思索地回答："好像是 512 GB 的吧。"我迟疑了一下，原来对他来说，"内存"指的是磁盘的存储容量，而不是 RAM。

Vita 学习编程有几年了，论算法他可能比我上中学的时候懂得还多，但有时依然会搞不清这种看似很基础的概念，但仔细一想也不怪他。实际上，生活中很多人会把手机的存储容量称为"内存"，甚至有时连厂商自己也会这么说，其中一个原因是普通用户在使用手机、笔记本电脑等设备时，根本不需要关注 RAM，因为操作系统已经把它管理得妥妥的。相对地，磁盘存储容量肯定更吸引用户的关注，毕竟当你存太多视频的时候，系统就会毫不犹豫地"报警"。

随着技术的发展，使用计算机设备的门槛越来越低，普通用户也不再需要关心那些底层的东西。对大部分人来说，操作系统是预先装在电脑里，一开机就可以使用的，而应用程序则在安装之后双击就可以运行，至于驱动程序，很多用户甚至从未听说过这个词。但回想 30 年前，在我上小学第一次接触计算机的时候，用的还是 DOS 操作系统，玩个游戏还得额外启动 DOS4GW 才能获得完整的 4 GB 内存寻址能力，甚至连鼠标也要先手工加载驱动程序才能使用，即便到了 Windows 95 的时代，在"即插即用"技术普及之前，手工安装驱动程序以及解决各种设备冲突依然是家常便饭。Vita 听了之后表示："这么麻烦还怎么愉快地用电脑呢？"我回答说："有句话说得好——哪有什么岁月静好，只是有人负重前行。那些脏活累活并没有凭空消失，只是操作系统默默地帮你处理掉了而已，作为一个计算机科学爱好者，了解这些'看不见'的东西也是很有必要的。"

除了操作系统和硬件设备，在软件开发层面，程序员也越来越不需要关心底层原理了。特别是很多学编程的孩子，对一些重要的底层原理缺乏理解，当然这和教育机构在教学过程中没有将这些原理渗透给他们有一定的关系。Vita 曾经在用 Scratch 编写一个自动生成迷宫的程序时遇到两个问题：一是 Scratch 中没有多维数组；二是 Scratch 中没有函数局部变量，在函数递归调用时变量的值会被覆盖。其实这两个问题本质上都是他对高级编程语言提供的特性过于依赖，而对其底层原理不够了解所导致的。对于问题一，如果知道多维数组在内存中也是连续存放的，就不难想到可以把一维数组映射成多维数组来使用；对于问题二，如果知道局部变量在底层都是用栈来存放的，就不难想到可以用数组手工模拟一个栈来实现递归调用中的变量值的暂存和恢复了。

通过这个例子，Vita 切身体会到了解底层原理对解决编程问题所带来的帮助。不仅仅是孩子，很多学习编程的成年人以及职业程序员或许也碰到过类似的情境。如果对程序运行的底层原理有深入的理解，这些问题就可以迎刃而解，而能不能快速妥当地解决这些问题，往往能够体现出程序员专业水平的高低——正如本书作者所说，只有理解程序的工作原理，才能真正提高技术水平。

很荣幸能够成为《程序是怎样跑起来的》第 3 版的译者。这是一本畅销多年的经典作品，自 2015 年引进出版以来广受读者好评。在这本书中，作者以深入浅出的方式梳理了程序员应当关心却经常忽视的基础知识。在这次的第 3 版中，作者在对原有内容进行修订的基础上，还增加了机器学习和 Python 的相关章节，既适合计算机科学爱好者和新手程序员入门学习，也适合有一定经验的程序员用来巩固基础，查漏补缺。希望各位读者都能通过阅读本书有所收获。

周自恒

2022 年 6 月于上海

前　言

相信各位读者之中，有很多人是从 Windows 开始接触计算机的，或是从 Java、Python 之类的高级编程语言开始接触编程的。Windows 的图形化界面操作便捷，大大提高了计算机的易用性。使用高级编程语言，可以在不关注计算机内部操作的情况下轻松编写程序。显而易见，这是一个十分便利的时代。

然而，我们不能只看到令人欣喜的一面，享受时代的便利也要付出代价。事实上，越来越多的程序员有这样的烦恼——即便有了一定的编程能力，也无法在技术上进一步提高，或是没有足够的应用能力来编写原创程序。究其原因，是他们对于程序的底层工作原理缺乏足够的理解。

不能让自己的理解仅仅停留在“双击程序图标就可以运行程序”这种表面现象上，我们需要理解表面之下的底层原理，即“机器语言程序被加载到内存，然后由 CPU 进行解释和执行，从而完成对计算机系统的控制和数据运算等任务”。理解了程序的工作原理，就能真正提升技术水平，掌握应用能力。

本书针对想学习编程的人、想提升自身技术水平的初级程序员，以及所有的计算机用户，深入浅出地讲解了程序的工作原理。为了便于讲解，书中会提到很多计算机硬件，但本书的主题和重点依然是程序，也就是软件。

本书内容是《日经 Software》连载专栏“程序是怎样跑起来的”的合集。本书自 2001 年 10 月推出第 1 版以来，受到了众多读者的欢迎，我们也收到了很多反馈，其中很多读者表示，通过阅读本书理解了

CPU 的寄存器和内存的工作原理，也理解了自己所编写的程序是如何工作的，对此我感到十分欣慰。不过也有一些编程经验较少的读者表示内容有点难。

因此，本书于 2007 年 4 月推出了第 2 版，增加了一些关于硬件的讲解，并将示例程序所使用的语言从之前的 Visual Basic 换成了更适合讲解硬件原理的 C 语言。此外，还在最后增加了附录介绍 C 语言的内容。觉得第 1 版内容有点难的读者，应该会对这样的调整感到满意吧。

在此次的第 3 版中，我重新对全文进行了修订，更新了其中出现的产品和开发工具，而且为了避免初学编程的读者感到困惑，在正文和注释中补充了大量的内容。此外，第 3 版还更新了第 12 章，介绍了使用 Python 进行机器学习的内容，并在本书末尾补充了 Python 的相关内容。我想，即便是读过第 1 版和第 2 版的读者，也一定会对这些内容感兴趣的。

了解本质非常重要，这句话对任何事物都是成立的。只有理解本质才能举一反三，才能够更容易地理解新技术。希望各位读者能够通过本书探究程序的底层原理，抓住程序的本质。

矢泽久雄

2021 年 4 月

目录

程序是怎样跑起来的
——本书中涉及的主要关键词

第1章 对程序员来说，CPU到底是什么

CPU、寄存器、内存、地址、程序计数器、累加器、标志寄存器、基址寄存器

第2章 用二进制来理解数据

集成电路、位、字节、二进制数、移位运算、逻辑运算、补码、符号位、算术移位、逻辑移位、符号扩展

第3章 计算机在计算小数时会出错的原因

二进制小数、双精度浮点数、单精度浮点数、规格化表示法、移码表示法、十六进制数

双击

第4章 让内存化方为圆

内存芯片、存储容量、数据类型、指针、数组、栈、队列、环形缓冲区、链表、二叉查找树

第5章 内存与磁盘的密切联系

存储程序方式、磁盘缓存、虚拟内存、固态硬盘、DLL 文件、stdcall、扇区、簇

第6章 自己动手压缩数据

游程编码、莫尔斯码、哈夫曼算法、哈夫曼树、无损压缩、有损压缩、BMP、JPEG、GIF、PNG

阅读本书后，你就会了解从双击程序图标到程序实际运行起来的整个机制！

第7章 程序在怎样的环境下运行

操作系统、硬件、Windows、MS-DOS、API、Linux、Java 虚拟机、云计算、BIOS、引导装入程序

第8章 从源文件到可执行文件

源代码、本地代码、编译器、链接器、启动代码、库、栈、堆、静态链接、动态链接

第9章 操作系统与应用程序的关系

监控程序、系统调用、可移植性、API、多任务、设备驱动程序

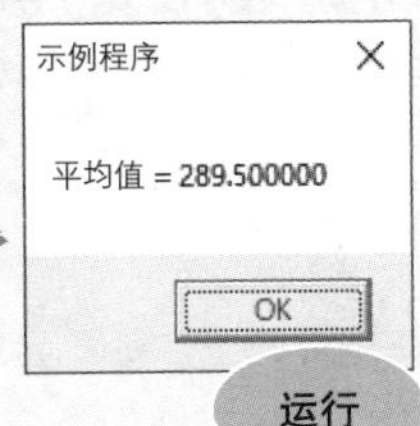

运行

第10章 通过汇编语言认识程序的真面目

助记符、伪指令、操作码、操作数、寄存器、标签、栈、函数调用、全局变量、局部变量、循环、条件分支

第11章 访问硬件的方法

in 指令、out 指令、端口号、IRQ、DMA 通道、I/O 控制器、中断控制器、DMA 控制器

第12章 如何让计算机“学习”

机器学习、有监督学习、分类问题、学习器、分类器、支持向量机、交叉验证

本书的结构

本书共分为 12 章，各章由“热身准备”“本章要点”和正文三个部分组成。对专业术语的解析放在了正文的脚注部分。有些章节还设置了“专栏”。另外，本书在末尾以附录的形式对 C 语言和 Python 的基本语法进行了解说，刚开始学习编程的读者，务必阅读一下。

●热身准备

各章的开头会给出几个简单的问题，请各位读者一定挑战一下。这样，大家就可以带着问题来阅读正文了。

●本章要点

这部分是对正文内容的高度总结。通过阅读这部分，可以确认本章内容和自己想了解的内容是否一致。

●正文

在这部分中，笔者会以深入浅出的方式，从各章主题出发来讲解程序运行的原理。虽然正文中会出现 C 语言的代码和 Python 的代码，但其中做了大量的注释，即使没有相关知识的读者也能读懂。

●专栏“如果是你，你会怎样讲呢？”

在这部分中，笔者会以问答的形式向完全没有编程经验的人讲解程序运行的原理。向别人讲解可以确认自己是否已经完全理解了这些知识。大家可以边读边思考自己该如何讲解。

* 本书在编写时已经注意确保其中的知识不依赖于特定的软硬件产品，但在介绍具体示例时，会涉及 PC、Windows 10、BCC32（C 语言开发工具）、Anaconda（Python 开发工具）等。此外，对各软件的描述均以撰稿时的最新版本为准，此后的软件版本可能会有所变化，请各位读者理解。

第1章 对程序员来说，CPU到底是什么

热身准备

进入正题之前，我为大家准备了一些热身问题，大家可以看看自己是否能够准确回答。

1. 什么是程序？
2. 程序是由什么组成的？
3. 什么是机器语言？
4. 运行中的程序存放在什么地方？
5. 什么是内存地址？
6. 在计算机的组成部件中，负责对程序进行解释和运行的是哪个？

怎么样？有些问题是不是无法简单回答出来呢？下面给出笔者的答案和解析供大家参考。

1. 指示计算机每一步动作的一组指令
2. 指令和数据
3. CPU 可以直接解释执行的语言
4. 内存（主存）
5. 用来表示指令和数据在内存中存放位置的数值
6. CPU

解析

1. 一般意义上的程序，比如运动会、音乐会的程序，表示“事情进行的先后顺序”。在这一点上，计算机程序也是一样的。
2. 程序是指令和数据的集合。例如，在 C 语言程序“printf(" 你好 ");”中，printf 就是指令，" 你好 " 就是数据。
3. CPU 可以直接解释执行的只有机器语言，而用 C 语言、Java 等编写的程序，最终都要转换成机器语言才能执行。
4. 保存在硬盘等媒体中的程序需要复制到内存中后才能运行。
5. 指令和数据在内存中的存放位置用地址来表示，地址由整数表示。
6. 在计算机的组成部件中，根据程序指令进行数据运算并控制整个计算机的设备称为 CPU。

本章要点

我们首先来了解一下负责对程序进行解释和执行的设备——CPU。CPU 是 Central Processing Unit（中央处理器）的缩写，它是计算机的大脑，其内部由数百万至数亿个晶体管构成，这些知识想必大家已经有所了解。然而，仅仅了解这些知识并不能对编程起到什么作用。程序员还需要理解 CPU 的内部工作原理。要理解 CPU，关键是要了解存放指令和数据的寄存器（register）的原理。了解了寄存器，就能够理解程序运行的原理了。可能很多人觉得 CPU 的原理很难，但实际上它非常简单。大家不妨怀着轻松的心情来阅读。

1.1 看一看 CPU 的内部构造

大家编写的程序在运行时需要经历**图 1-1** 所示的流程。这张图是了解程序运行原理所必备的基础知识。详细内容笔者接下来会进行讲解，这里希望大家先有一个大概的印象。CPU[①] 是负责对最终转换为机器语言的程序内容进行解释和执行的设备。

CPU 和内存本质上都是名为集成电路（Integrated Circuit，IC）的电子部件，由大量晶体管构成。从功能上来说，如**图 1-2** 所示，CPU 内部是由寄存器、控制器（control unit）、运算器（arithmetic unit）和时钟（clock）四个部分组成的，它们之间通过电流信号相互连通。**寄存器**是用来存放指令、数据这些操作对象的空间。一个 CPU 内部通常有几个到几十个不等的寄存器。**控制器**负责将内存中的指令和数据读入寄

① CPU 有时也被称为微处理器或者处理器，本书中主要使用 CPU 这一名称。

存器，并根据指令的执行结果对计算机进行控制。**运算器**负责运算从内存中读入寄存器的数据。**时钟**负责产生控制 CPU 工作节律的时钟信号[①]，也有一些计算机将时钟放在 CPU 的外部。

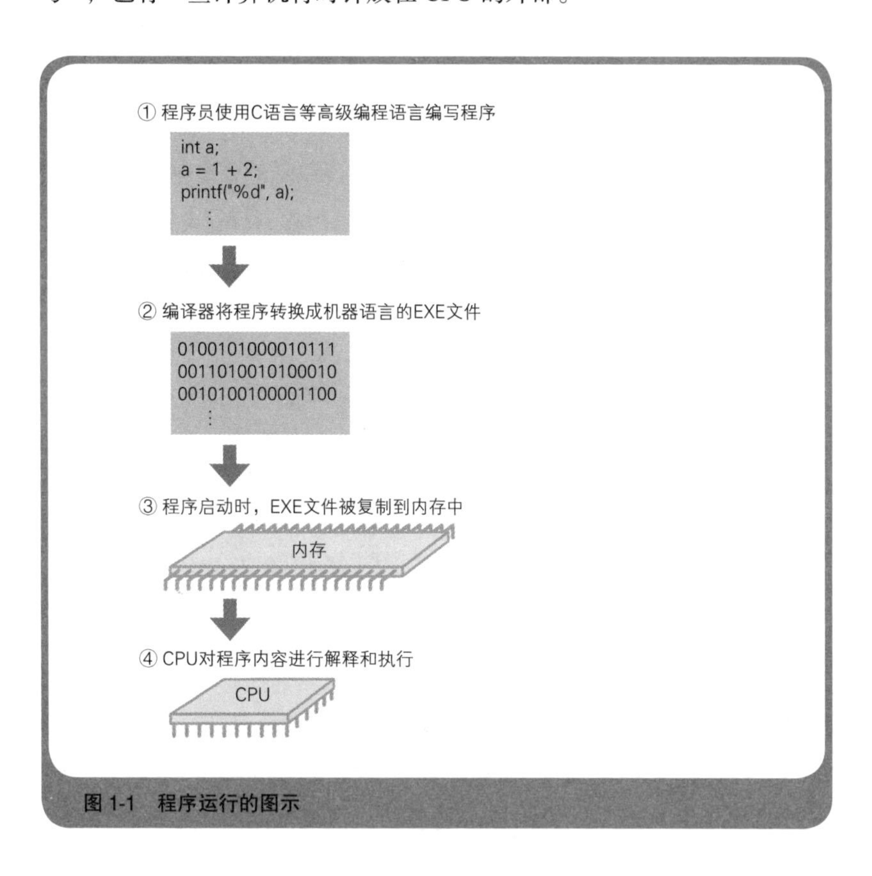

图 1-1　程序运行的图示

① 时钟信号也称“时钟脉冲”。例如，3.0 GHz 表示时钟信号的频率为 3.0 GHz（1 GHz=10 亿次 / 秒）。时钟频率越高，CPU 的运行速度就越快。

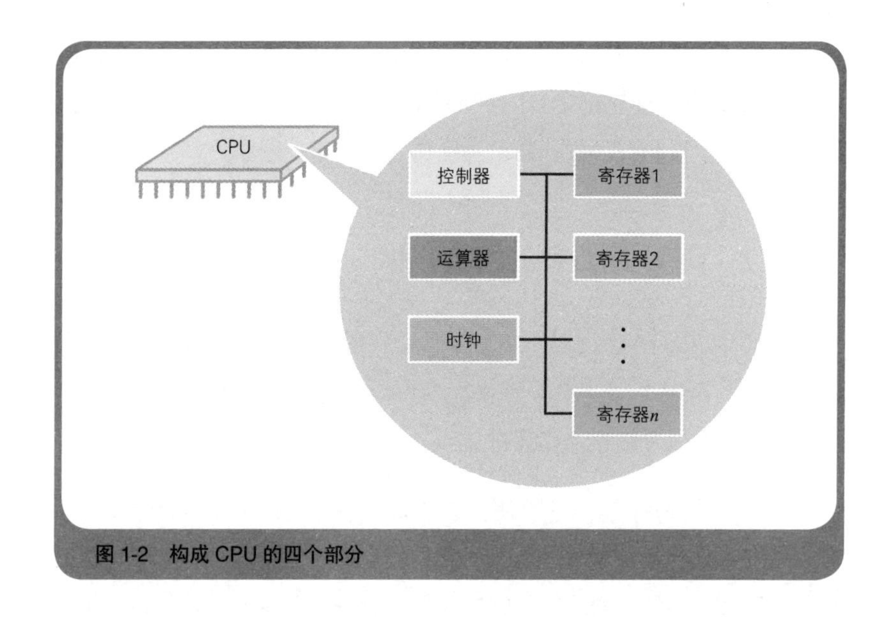

图 1-2　构成 CPU 的四个部分

下面来简单介绍一下内存。在计算机中我们通常所说的内存指的是**主存储器**（main memory）[①]，简称主存。它通过一些控制电路与 CPU 相连，用于存储指令和数据。内存由一些可读写的存储元件构成，每个字节（1 字节 =8 比特）都分配了一个被称为**地址**的编号。CPU 通过地址就可以读取存放在内存中的指令和数据，也可以将数据写入内存。关闭计算机电源后，内存中存储的指令和数据就会消失。

弄清楚 CPU 的构造之后，大家是不是对程序运行的原理有一点概念了呢？当程序启动时，CPU 中的控制器会根据时钟信号从内存中读取指令和数据。通过对指令进行解释和执行，运算器会对数据进行运算，控制器根据运算结果控制计算机进行指定的操作。“控制”这个词

① 主存储器位于计算机机体内部，是负责存储程序和数据的设备，通常使用一种称为 DRAM（Dynamic Random Access Memory，动态随机存取存储器）的集成电路。DRAM 的特点是价格便宜，但速度较慢。关于内存，第 4 章中会详细介绍。

可能有点让人难以理解，其实它指的就是除运算之外的操作（主要是数据输入输出的时机控制）。内存和磁盘的输入输出、键盘和鼠标的输入，以及显示器和打印机的输出等操作，都属于控制。

1.2 CPU 是寄存器的集合体

前面介绍的 CPU 的四个组成部件中，需要程序员特别关注的只有寄存器，其余三个部件不需要关注。为什么我们必须关注寄存器呢？这是因为**寄存器是程序的描述对象**。

请看**代码清单 1-1**，这是用汇编语言[1]编写的程序的部分内容。机器语言[2]指令的本质是电子信号，我们用英语单词或其缩写（称为**助记符**）表示每一种信号的功能，就构成了**汇编语言**。例如，mov 和 add 分别代表传送（move）数据和加法运算（addition）操作。汇编语言和机器语言基本上是一一对应的，这一点和 C 语言、Java 等高级编程语言[3]有很大差别，因此要讲解 CPU 的工作原理，用汇编语言是最合适的。将汇编语言程序转换成机器语言的过程称为**汇编**（assemble），反过来，将机器语言程序转换成汇编语言的过程称为**反汇编**（disassemble）。希望大家能够记住这两个名词。

① 将汇编语言转换成机器语言的程序称为汇编器（assembler），assembler 一词也可以指汇编语言本身。汇编语言的语法有 AT&T 和 Intel 两种，本书中使用 AT&T 格式。关于汇编语言，第 10 章中会详细介绍。

② 机器语言是 CPU 能够直接解释和执行的语言。

③ 高级编程语言是无须关注底层硬件，用接近人类表达习惯（英语、算式）的语法来编写程序的编程语言的统称。C 语言、C++、Java、C#、Python 等都属于高级编程语言。相对于高级编程语言，机器语言和汇编语言被称为低级编程语言。

代码清单 1-1 汇编语言程序示例（其中带颜色的地方表示寄存器）

```
movl -4(%ebp), %eax      …将内存中的值读入 eax
addl -8(%ebp), %eax      …将内存中的值累加到 eax
movl %eax, -12(%ebp)     …将 eax 的值（加法运算结果）存放到内存中
```

通过阅读汇编语言程序，我们就能理解机器语言程序的工作原理。之所以给大家展示代码清单 1-1 中的汇编语言程序，是想告诉大家，在机器语言层面上，程序的操作都是使用寄存器来完成的。也就是说，从程序员的视角来看，CPU 就是寄存器的集合体。至于控制器、运算器和时钟，我们只要知道它们的存在就足够了。

在代码清单 1-1 中，eax 和 ebp 都表示寄存器，大家应该能大致看出，这段程序是在使用寄存器来存放数据和进行加法运算。这段程序所使用的是 32 位 x86 架构 CPU[①] 的汇编语言，其中，eax 和 ebp 都是 CPU 内部的寄存器的名称。内存中存储数据的位置是用地址来区分的，寄存器则是用名称来区分的。

这些内容听起来有点难，但是请大家放心，我们并不需要记住某种 CPU 中所有寄存器的名称，也不需要掌握汇编语言，重要的是对 CPU 怎样处理程序有一个大概的印象。也就是说，大家用高级编程语言编写的程序，最终都会被**编译**[②] 成机器语言，然后在 CPU 内部通过寄存器进行处理。例如，a=1+2 这样的高级编程语言程序，在转换成机器语言之后就是用寄存器来进行存储处理和加法运算操作的，这一点大家需要知道。

---

① x86 架构 CPU 是与 Intel 于 1978 年开发的 16 位 8086 CPU 兼容的 32 位 CPU 和 64 位 CPU 的统称，其中 64 位 CPU 也被称为 x64。

② 编译是指将使用高级编程语言编写的程序转换成机器语言的过程，其中用于进行这种转换的程序称为编译器。

CPU 的类型不同，其内部的寄存器数量、类型及寄存器中能存储的数据长度也有所不同，但如果按照功能进行大致分类，就是**表 1-1** 这样。寄存器中存放的值可以是指令，也可以是数据，其中**数据**又分为“用于运算的数值”和“表示内存地址的数值”。不同类型的值会存放在不同类型的寄存器中。CPU 中的每个寄存器都有不同的功能，例如用于运算的值存放在累加器中，表示内存地址的值存放在基址寄存器和变址寄存器中。代码清单 1-1 中出现的 eax 是累加器，ebp 是基址寄存器。

表 1-1 寄存器的主要类型及其功能

寄存器的类型	功　能
累加器	存放执行运算的数据和运算结果
标志寄存器	存放运算处理后的 CPU 的状态
程序计数器	存放下一条指令所在内存的地址
基址寄存器	存放数据内存的起始地址
变址寄存器	存放基址寄存器的相对地址
通用寄存器	存放任意数据
指令寄存器	存放指令。这个寄存器由 CPU 内部使用，程序员不能通过程序来直接读写它的值
栈寄存器	存放栈空间的起始地址

对程序员来说，CPU 就像**图 1-3** 展示的那样，是由具有不同功能的寄存器所构成的集合体。一般来说，程序计数器、累加器、标志寄存器、指令寄存器、栈寄存器各仅有一个，其他类型的寄存器可以有多个。其中，程序计数器和标志寄存器属于比较特殊的寄存器，这一点会在后面的章节中详细介绍。图 1-3 中省略了程序员不需要关注的寄存器（如存放指令的指令寄存器等）。

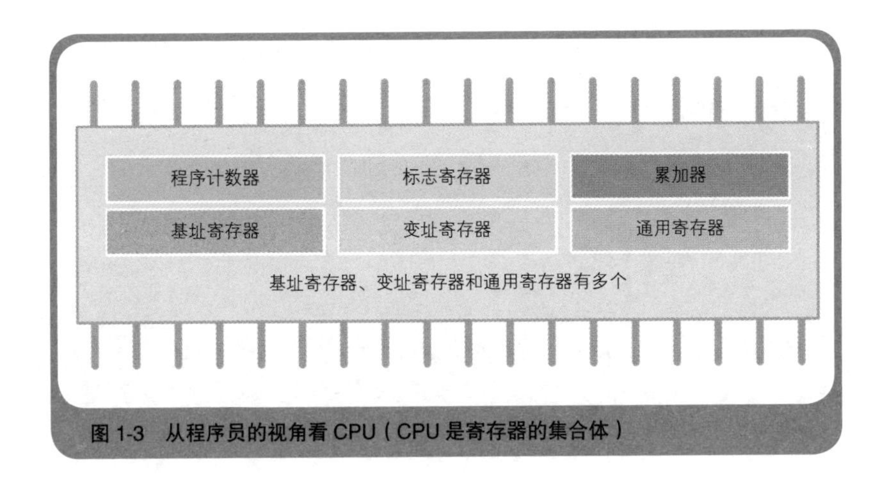

图 1-3 从程序员的视角看 CPU（CPU 是寄存器的集合体）

1.3 决定程序流程的程序计数器

只有一行的程序几乎完成不了什么任务，机器语言程序也是如此。对 CPU 有了大致印象之后，下面来看一下程序是如何按照指定的顺序（程序流程）来运行的。

图 1-4 展示了程序启动时内存中的内容。在 Windows 等操作系统[①]中，当用户发起启动某个程序的指示后，操作系统会将存储在硬盘中的程序复制到内存中。示例中的程序将 123 和 456 两个数值相加，并将结果输出到屏幕上。我们之前讲过，内存中会用地址来表示存放指令和数据的位置。如果将各个地址中存储的内容用机器语言表示的话，大家会看不懂，因此我们用文字来表示各个地址中存放的内容。实际上，一条指令或一个数据一般会存放在多个地址中，但为了方便起见，在图 1-4 中，我们假设一条指令或一个数据只对应一个地址。

① 操作系统（operating system）是负责计算机基本操作的软件。关于操作系统的功能，第 9 章中会详细介绍。

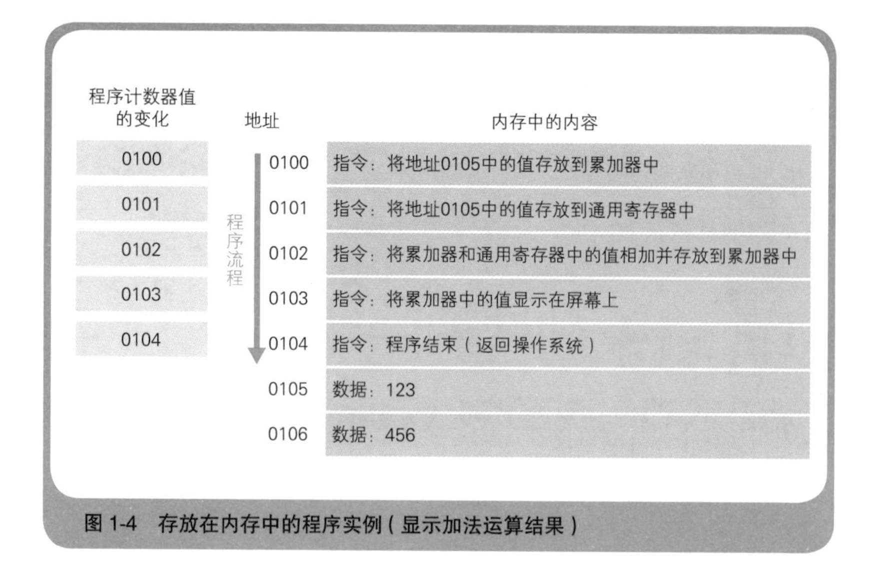

图 1-4　存放在内存中的程序实例（显示加法运算结果）

地址 0100 是程序运行的起始位置。Windows 等操作系统在将程序从硬盘复制到内存后，就会将程序计数器这个寄存器的值设置为 0100。然后，程序开始运行。CPU 每执行一条指令，程序计数器的值就会自动加 1。例如，CPU 执行地址 0100 中的指令之后，程序计数器的值就变成了 0101（如果执行的指令占用多个内存地址，那么程序计数器的值也会根据指令的长度增加相应的值）。CPU 的控制器会根据程序计数器的值从内存中读取指令并执行。也就是说，程序计数器决定了程序的流程。

1.4　条件分支和循环的原理

程序的流程分为顺序执行、条件分支和循环三种。**顺序执行**就是按照地址的数值顺序执行指令。**条件分支**就是按照条件执行任意地址的指令。**循环**就是重复执行同一地址的指令。在顺序执行中，只要将程序计数器的值每次加 1 就可以了，但如果程序中存在条件分支和循环，机器语言的指令就可以将程序计数器的值设置为任意地址（不是 +1 的值）。通过这样的方式，程序就可以返回之前的地址重复执行指令，或者跳转到任意地址从而实现分支。在这里，我们会展示一个条件分支的具体示例，循环也是以同样的原理通过设置程序计数器的值来实现的。

图 1-5 展示了内存中的一段程序，这段程序的功能是将内存中的值（这里是 123）的绝对值输出到屏幕上。程序运行的起始位置是地址 0100。随着程序计数器的值增加，程序执行到地址 0102，此时如果累加器的值是正数，则会执行一条跳转到地址 0104 的指令（跳转指令）。由于此时累加器的值 123 是一个正数，所以地址 0103 的指令会被跳过，程序流程直接跳转到了地址 0104。“跳转到地址 0104”这条指令，实际上就是间接地执行了“将程序计数器的值设为地址 0104”的操作。

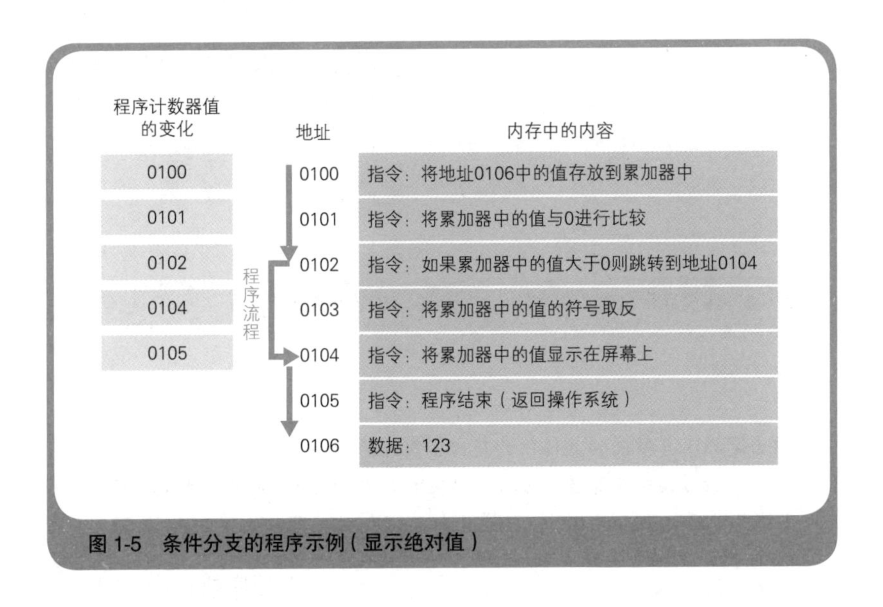

图 1-5 条件分支的程序示例（显示绝对值）

条件分支中所使用的**跳转指令**需要根据前一条指令的运算结果来判断是否进行跳转。在表 1-1 所列出的 CPU 寄存器中，有一个标志寄存器。标志寄存器会根据上次运算的结果，保存累加器和通用寄存器的值，无论值是正数、零还是负数，都会将其保存（也会保存溢出[①]和奇偶校验[②]的结果）。

CPU 在每次读取数据或进行运算后，都会根据结果自动设置标志寄存器的值。在条件分支中，执行跳转指令之前会进行比较运算，CPU 会根据标志寄存器的值来判断是否执行跳转指令。运算结果的正、零、负 3 种状态分别由标志寄存器中的 3 个比特[③]来表示。**图 1-6** 是 32 位 CPU（寄存器的长度为 32 比特）的标志寄存器示例。在这个标志寄存器中，第 0 个、第 1 个、第 2 个比特的值若为 1，则代表运算结果分别为正数、零、负数。

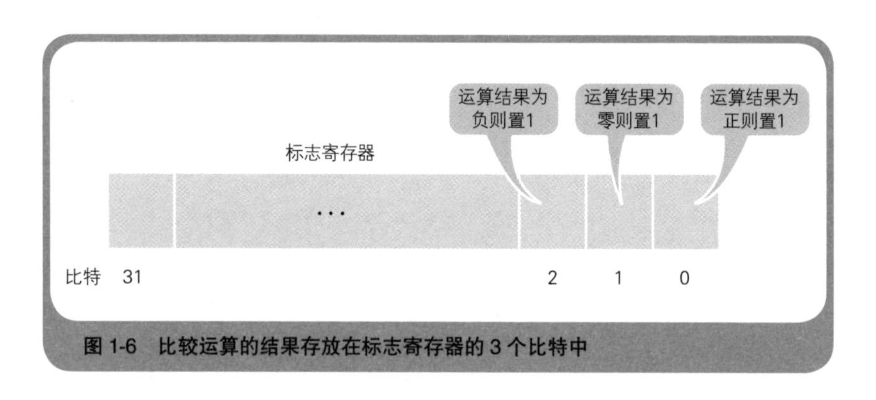

图 1-6　比较运算的结果存放在标志寄存器的 3 个比特中

① 溢出是指运算结果的数值位数超出了寄存器的存储范围。

② 奇偶校验是指检查数值（用二进制表示）中 1 的个数是奇数还是偶数。

③ 1 比特（bit = binary digit）就是 1 位二进制数，可以表示 0 或 1。在 32 位 CPU 中，数据和地址是由 32 位二进制数来表示的。关于二进制，第 2 章中会详细介绍。

CPU 进行比较的方式非常有趣，请大家一定要了解一下。假设要将累加器中的值 XXX 和通用寄存器中的 YYY 进行比较，当执行比较指令时，CPU 的运算器会在内部（暗中）执行“XXX–YYY”的减法运算，无论结果是正数、零，还是负数，都会保存到标志寄存器中。如果结果为正，则表示 XXX 大于 YYY；如果为零，则表示 XXX 等于 YYY；如果为负，则表示 XXX 小于 YYY。也就是说，程序中的比较指令在 CPU 内部实际上是通过减法运算来实现的。怎么样，是不是很有趣呢？

1.5 函数调用的原理

接下来继续讲解程序的流程。在用高级编程语言编写的程序中对函数[①]进行调用，也是通过将程序计数器的值设置为存放函数的地址来实现的。但是，其原理和条件分支、循环有所不同，因为单纯用跳转指令是无法实现函数调用的。在函数调用中，当完成函数内部的处理之后，必须让程序流程返回函数被调用的地方（也就是函数调用指令的下一条指令所在的地址）继续执行。因此，如果只是跳转到函数的入口地址，处理流程就不知道在函数执行完毕后该返回到哪里了。

在**图 1-7** 所示的 C 语言程序中，首先将 123 赋值给变量 *a*，将 456 赋值给变量 *b*，然后用这两个变量作为参数调用 MyFunc 函数。图中所示的地址是假设将 C 语言程序编译成机器语言后运行时的地址，由于一行 C 语言程序通常会被编译成多条机器语言指令，所以这里的地址并不是连续的。

① 很多高级编程语言采用了与 $y=f(x)$ 这种数学函数类似的语法来编写处理，它表示将 x 通过 f 处理后，将结果存放在 y 中。在函数的语法中，x 称为参数，y 中存放的值称为返回值，执行函数的功能称为函数调用。

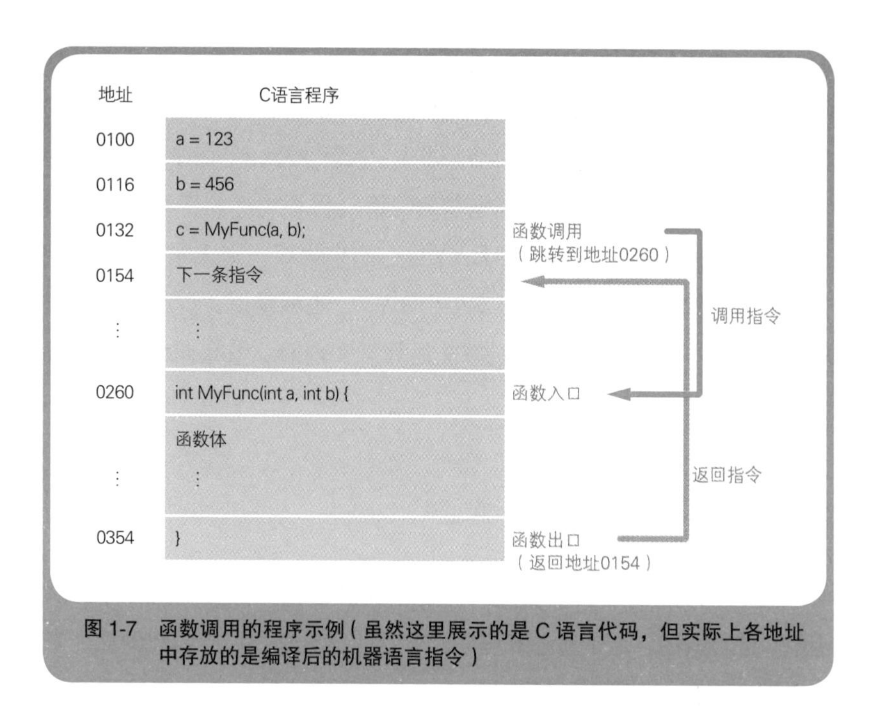

图 1-7　函数调用的程序示例（虽然这里展示的是 C 语言代码，但实际上各地址中存放的是编译后的机器语言指令）

调用 MyFunc 函数的部分也是通过跳转指令将程序计数器的值设置为地址 0260 来实现的。函数调用指令（地址 0132）和被调用的函数（地址 0260）之间的数据传递是通过内存和寄存器来完成的。不过，当执行到函数体的出口地址 0354 时，需要将程序计数器的值设置为函数调用指令的下一条指令所在的地址 0154 才行，但这一操作无法实现。那么该怎么做才好呢？

要解决这个问题，我们需要使用调用指令和返回指令这两条机器语言指令。大家不妨把这两条指令结合起来记忆。函数调用时使用的不是跳转指令，而是调用指令。**调用指令**在将函数入口地址设置到程序计数器之前，会将函数调用的下一条指令的地址保存到名为**栈**①的内

① 栈（stack）原本是“干草堆”的意思，在程序世界中，它指的是一块用来不断存放各种数据的内存空间。通过使用栈，我们能在函数调用之后正确地返回调用时的地址。关于栈，第 4 章中会详细介绍。

存空间中。函数体执行完毕后，会在最后（出口）执行返回指令。**返回指令**的功能是将保存在栈中的地址设置到程序计数器中。图 1-7 中，在调用 MyFunc 函数之前，程序会先将地址 0154 保存到栈中，MyFunc 函数执行完毕后，程序会从栈中读出地址 0154，然后将其设置到程序计数器中（**图 1-8**）。

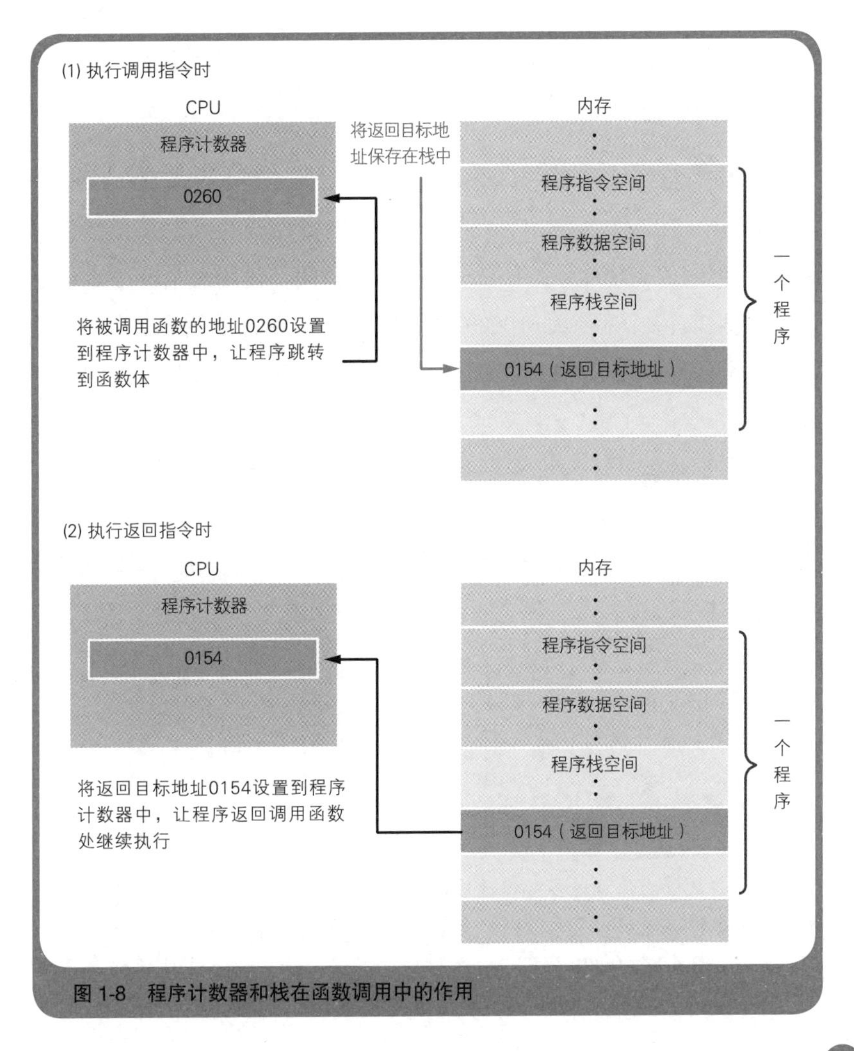

图 1-8 程序计数器和栈在函数调用中的作用

编译高级编程语言的程序后，函数调用会转换成调用指令，函数结束的处理则会转换成返回指令。这个设计是不是很巧妙呢？

1.6 用基址和变址实现数组

接下来讲一讲表 1-1 中的**基址寄存器**和**变址寄存器**的功能。使用这一对寄存器，我们可以对特定的内存空间进行划分，按照数组[①]的方式对其进行使用。

这里我们将计算机的内存地址按十六进制[②]编码为 00000000～FFFFFFFF。在这个范围内，使用一个 32 位寄存器就可以查看所有的地址，但要访问类似于数组的连续的内存空间，使用两个寄存器会更方便。例如，在访问地址 10000000～1000FFFF 时，如**图 1-9** 所示，可以将基址寄存器设为 10000000，然后让变址寄存器的值在 00000000～0000FFFF 变化。CPU 会将基址寄存器和变址寄存器的值相加计算出实际的内存地址，其中变址寄存器的值就相当于高级编程语言程序中数组的下标。

---

① 数组是一种长度相同的数据在内存中连续排列所构成的数据结构。统一使用一个数组名来表示所有数据，使用下标来表示其中每个数据（元素）。例如，对于包含 10 个元素的数组 a，其中各个数据使用 a[0]～a[9] 来表示，[ ] 内的数字 0～9 就是下标。

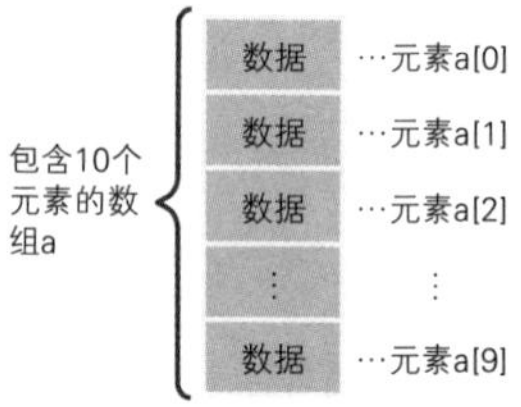

包含10个元素的数组a
数据 …元素a[0]
数据 …元素a[1]
数据 …元素a[2]
⋮ ⋮
数据 …元素a[9]

② 当某些数值因位数过多难以通过二进制表达的时候，我们经常使用十六进制来代替二进制。十六进制就是逢 16 进位的记数法，10～15 用字母 A～F 来表示。4 位（0000~1111）二进制数可以用 1 位（0~F）十六进制数来表示。32 位二进制数可以用 8 位十六进制数来表示。

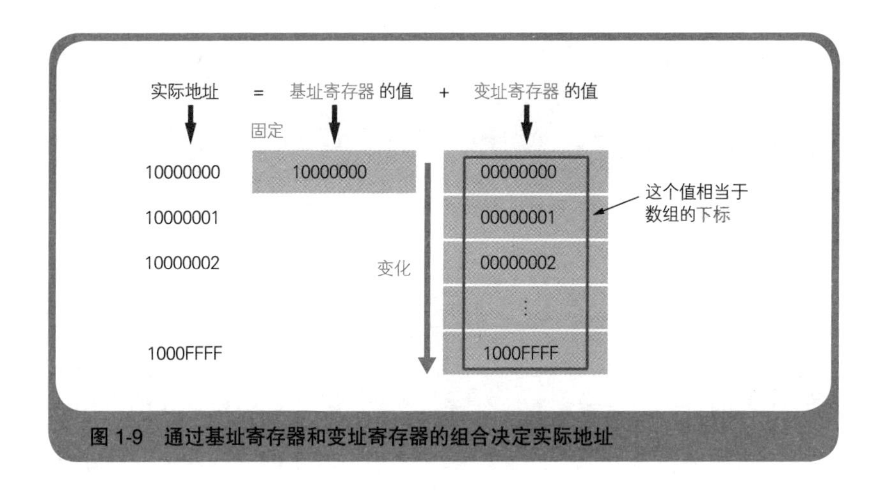

图 1-9 通过基址寄存器和变址寄存器的组合决定实际地址

1.7 CPU 的处理其实很简单

可能有人会说，现在我们还不知道机器语言和汇编语言到底有多少种指令，所以很难想象 CPU 能完成什么样的操作。为了消除大家的疑惑，接下来笔者就来讲一讲机器语言指令到底有哪些类型。如**表 1-2** 所示，CPU 能执行的机器语言指令按功能可以大致分为四种类型。这张表中没有给出具体的指令名称（汇编语言的助记符）。大家看这张表可能会感到惊讶，原来 CPU 能做的事竟然那么少。用高级编程语言编写的程序无论多么复杂，CPU 实际执行的操作也都非常简单。这样一来，大家是不是能消除“计算机的原理看起来好难”的印象了呢？

表 1-2 机器语言指令的主要类型和功能

类　型	功　能
数据传送指令	在寄存器和内存、内存和内存，以及寄存器和外部设备[①]之间读写数据
运算指令	用累加器执行算术运算、逻辑运算、比较运算、移位运算等操作
跳转指令	执行条件分支、循环和无条件跳转
调用 / 返回指令	调用函数 / 返回函数调用处

本书的目的是让大家读完后恍然大悟，在头脑中对程序的工作原理有一个整体印象。有了整体印象后，相信大家的编程能力和应用能力会得到切实的提高。自己之前随意编写的程序，现在再看也变得活灵活现了吧。

本章在介绍标志寄存器时提到了“比特”这个词。1 比特代表 1 位二进制数，这一点对于理解计算机的运算原理非常重要。下一章将以比特为基础，为大家讲解二进制数、浮点数等数据形式，以及逻辑运算、移位运算等操作。

① 外部设备指的是连接在计算机上的键盘、鼠标、显示器、磁盘、打印机等设备。

第2章

用二进制来理解数据

热身准备

进入正题之前，我为大家准备了一些热身问题，大家可以看看自己是否能够准确回答。

1. 32 比特是多少字节？
2. 二进制数 01011100 用十进制表示是多少？
3. 将二进制数 00001111 左移 2 位，得到的结果是原数的几倍？
4. 以 2 的补码形式表示的 8 位二进制数 11111111 用十进制表示是多少？
5. 以 2 的补码形式表示的 8 位二进制数 10101010 用 16 位二进制表示是多少？
6. 要反转图案中的一部分点，应该使用哪种逻辑运算？

怎么样？有些问题是不是无法简单回答出来呢？下面给出笔者的答案和解析供大家参考。

答案

1. 4 字节
2. 92
3. 4 倍
4. –1
5. 1111111110101010
6. 逻辑异或运算

解析

1. 由于 8 比特 =1 字节，所以 32 比特就是 32 ÷ 8=4 字节。
2. 将二进制数的各位数字乘以其对应位权并求和就可以转换成十进制数。
3. 二进制数左移 1 位，结果变成原来的 2 倍，因此左移两位就会变成原来的 4 倍。
4. 在 2 的补码形式中，所有位都是 1 的二进制数表示十进制的 –1。
5. 用原数最高位的 1 填充扩展出的各位即可。
6. 逻辑异或运算会将所有 1 对应的位反转，逻辑非运算则会将所有的位反转。

本章要点

要在头脑中理解程序的工作原理，非常重要的一点就是要了解信息（数据）在计算机内部是以怎样的形式表示的，又是用怎样的方法来运算的。用 C 语言、Java 等高级编程语言编写的程序中所描述的数值、字符串、图案等信息，在计算机内部都是用二进制来处理的。也就是说，如果掌握了用二进制表示信息的方式和对二进制进行各种运算的方式，就可以理解程序的工作原理。那么，计算机为什么要用二进制来处理信息呢？本章的开头我们先来弄清楚具体原因吧。

2.1 计算机用二进制处理信息的原因

想必大家都知道，计算机内部是由称为**集成电路**[①]的电子元器件构成的，第 1 章中介绍的 CPU（微处理器）和内存都是一种集成电路。集成电路有几种不同的形状，有的形如蜈蚣，其两侧有几根到几百根引脚；有的形如剑山[②]，其引脚排列在集成电路的底面。集成电路的所有引脚都有直流电压 0V 或 +5V[③]两种状态。也就是说，集成电路的每根引脚都只能表示两种状态。

由于集成电路具有这样的特性，所以计算机必然要使用二进制来

① 集成电路分为模拟集成电路和数字集成电路，这里介绍的是数字集成电路。关于内存集成电路（内存芯片），第 4 章中会详细介绍。

② 指长方形或圆形的金属板上排列着大量粗针的一种插花用具。——译者注

③ 这里所说的是电源电压为 +5V 的集成电路的情况（当然也有使用其他电压的集成电路）。对于电源电压为 +5V 的集成电路，其引脚状态除了 0V 和 +5V，还有一种不接受电子信号的高阻（high impedance）态。在本书中，我们不考虑高阻态。

处理信息。1位（1根引脚）只能表示两种状态，所以我们需要使用0、1、10、11、100这种二进制记数法。尽管二进制并不是为集成电路发明的记数法，但在用电子信号表示信息时，使用二进制是非常合适的（**图2-1**）。计算机处理信息的最小单位是**比特**，它相当于1位二进制数。比特的英文bit是binary digit（二进制数）的缩写。

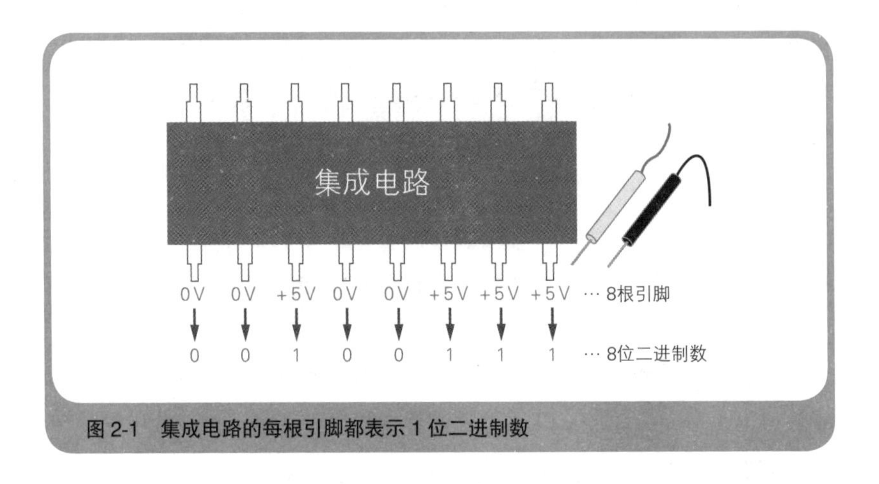

图2-1　集成电路的每根引脚都表示1位二进制数

一般来说，二进制数的位数是以8的倍数来增长的，比如8位、16位、32位……这是因为计算机处理信息的基本单位是8位二进制数。8位二进制数也称为**字节**（byte）。字节是信息的基本单位。再强调一下，比特是最小单位，字节是基本单位。在内存和硬盘等设备中，数据是以字节为单位存储的，也是以字节为单位读写的，不能以比特为单位来读写。因此，字节是信息的基本单位。

在以字节为单位处理数据时，当要处理的数值比容器的字节数（即能容纳的二进制位数）小时，就需要在高位补0。例如，100111是一个6位二进制数，如果用8位（即1字节）来表示就需要写成00100111，用16位（即2字节）来表示就需要写成0000000000100111。

在程序中，用十进制或字符来表示的信息，在编译后也会转换成二进制数，程序运行时在计算机内部也是以二进制来处理这些信息的（**图 2-2**）。

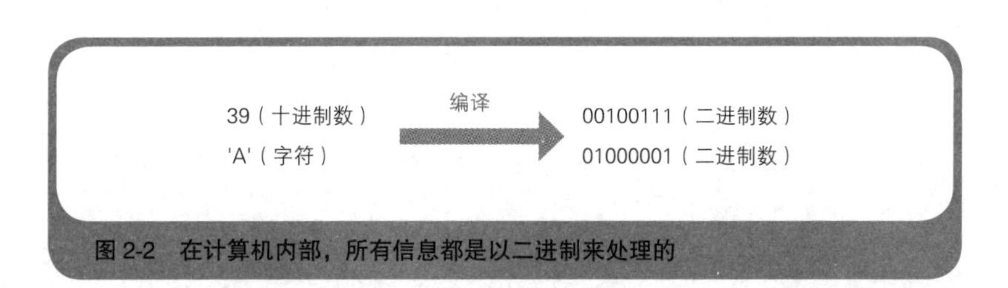

图 2-2　在计算机内部，所有信息都是以二进制来处理的

对于用二进制数表示的信息，无论它原本是数值、字符，还是某种图案，计算机都不做任何区分。至于这些信息应该如何进行处理（运算），必须由负责编写程序的各位来给出具体的指示。例如，对于 01000001 这个二进制数，我们既可以把它当作数值来进行加法运算，也可以把它当作字符“A”显示出来，还可以把它当作“□■□□□□□■”这样的一个图案打印出来。如何处理数据是由程序的编写方式决定的。

2.2　二进制到底是什么

那么，二进制到底是什么呢？为了搞清楚二进制的原理，我们先尝试将 00100111 这个二进制数转换成十进制数吧。要将**二进制数**转换成十进制数，需要将二进制数的各位数字乘以其对应的位权，并将结果相加（**图 2-3**）。大家可以解释清楚为什么要使用这种方法吗？“我也不知道为什么，反正就是记住了这个方法”，这样是不行的。对于二进制转换成十进制的方法，只要理解了二进制的原理，就不需要死记硬背了。接下来，我们一边对比十进制，一边学习二进制的原理。请大家务必掌握这部分内容。

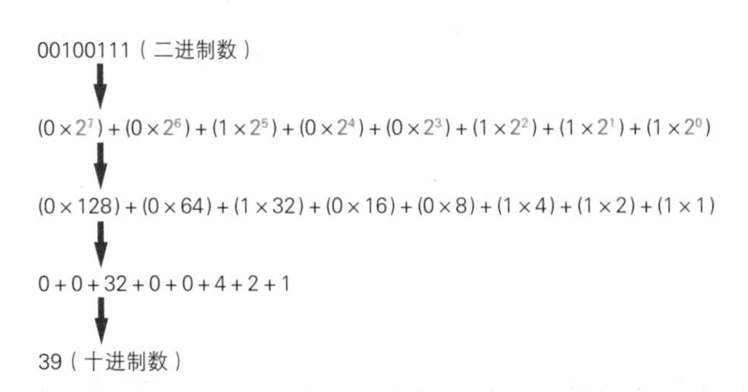

图 2-3 二进制数转换成十进制数的方法

首先来讲一下“位权”是什么意思。例如，对于十进制数 39，我们知道其各位的数字 3 和 9 并不仅仅表示它们本身的数值。其中 3 表示 3×10=30，9 表示 9×1=9。在这里，各位数字所乘的 10 和 1 就叫作**位权**。位不同，位权也不同。十进制的位权，从最低位开始，第 1 位是 10 的 0 次幂[①]（=1），第 2 位是 10 的 1 次幂（=10），第 3 位是 10 的 2 次幂（=100）……到这里，大家应该已经有了一个直观的认识，接下来我们把这一思路套用到二进制上。

位权的概念在二进制中也是一样的。从最低位开始，第 1 位是 2 的 0 次幂（=1），第 2 位是 2 的 1 次幂（=2），第 3 位是 2 的 2 次幂（=4），…，第 8 位是 2 的 7 次幂（=128）。我们在表示位权时使用了“○○的 ×× 次幂”这种说法，其中“○○”的部分，在十进制的情况下是 10，在二进制的情况下是 2，这部分叫作**基数**[②]。十进制就是以 10 为基数来记数的，二进制就是以 2 为基数来记数的。“○○的 ×× 次

① 任何数的 0 次幂都是 1。

② 在记数法中，表示进位周期的数字（决定位权）称为基数。十进制的基数是 10，二进制的基数是 2。

幂”中“××”部分的取值，无论几进制都是“位数 -1”。第 1 位就是 1-1=0 次幂，第 2 位就是 2-1=1 次幂，第 3 位就是 3-1=2 次幂。

接下来讲一讲为什么要将各位的数字和位权的乘积相加。一个数所表示的数值，原本就是其各位上的数字乘以位权再相加的结果。例如，十进制数 39 就可以写成 30+9，这个数的大小就是其各位数字乘以位权再相加的结果。

这一点对于二进制也是一样的。二进制数 00100111 相当于十进制的 39，我们也可以把它写成 (0×128)+(0×64)+(1×32)+(0×16)+(0×8)+(1×4)+(1×2)+(1×1)=39。这样说应该能理解了吧。

2.3 移位运算与乘除运算的关系

理解了二进制的原理之后，我们来看一看运算。二进制的四则运算和十进制相同，只要注意逢二进一这个规则就可以了。这里笔者要介绍一种二进制特有的运算。二进制特有的运算就是计算机特有的运算，这一点是理解程序工作原理的关键。

首先我们来看移位运算。**移位运算**是一种对二进制数的各位数字进行平移（shift）的运算。将各位数字向左（高位）移位称为**左移**，向右（低位）移位称为**右移**。一次运算可以对数字平移多位。

代码清单 2-1 中的这段 C 语言程序，其功能是将十进制数 39 赋值给变量 *a*，然后将其左移 2 位，再将结果赋值给变量 *b*。运算符 << 代表左移运算，右移运算的运算符是 >>。<< 运算符和 >> 运算符的左侧是要进行移位运算的数，右侧是要平移的位数。大家知道运行这个程序后，变量 *b* 的值是多少吗？

代码清单 2-1 将变量 *a* 的值左移 2 位的 C 语言程序

```
a = 39;
b = a << 2;
```

如果有人认为移位运算是对二进制数进行移位，对十进制数 39 进行移位运算没有意义，那么笔者觉得他应该重读一下本章的内容。无论程序中的数使用几进制来表示，在计算机内部都会转换成二进制来处理，因此这类数是可以进行移位运算的。有人可能会问左移之后空出来的低位应该填什么数字，笔者觉得提出这个问题的人非常敏锐。空出来的低位会用 0 来填充。但这只适用于左移的情况，至于右移运算中空出来的高位应该如何处理，我们稍后再看。此外，在移位运算中，最高位或最低位多出来的数字（称为**溢出**）会被直接舍弃。

我们继续看代码清单 2-1。十进制数 39 用 8 位二进制表示就是 00100111，因此左移 2 位之后的结果是 10011100，转换成十进制数后是 156（**图 2-4**）。这里我们不考虑数的符号，原因后面再讲。

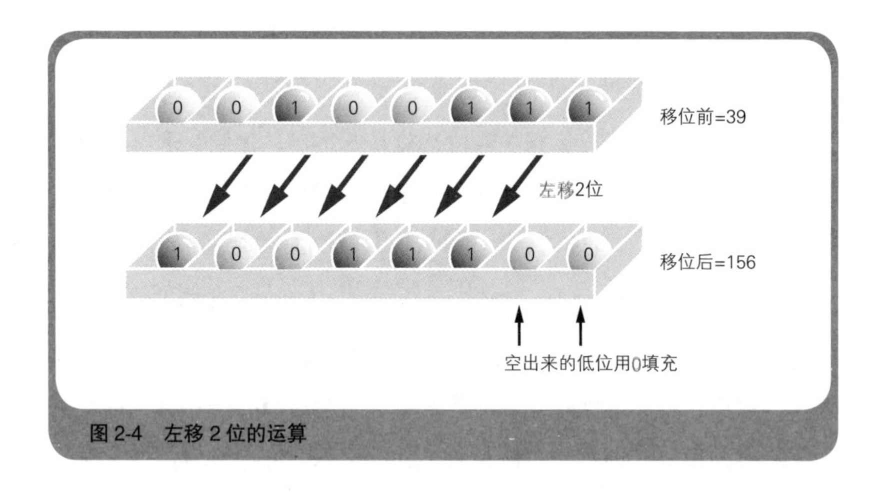

图 2-4 左移 2 位的运算

移位运算以及本章最后要介绍的逻辑运算，在实际的程序中都能发挥很重要的作用，因为计算机是以比特为单位来处理信息的。这里我们不展示具体的程序示例，不过理解移位运算和逻辑运算的原理是程序员必须要掌握的基本功。直观上说，移位运算有点类似于由二进制数组成的点阵图案像霓虹灯牌一样左右滚动的感觉。

通过数位的移动，移位运算也可以用来代替乘法运算和除法运算。例如，00100111 左移 2 位的结果是 10011100，这意味着左移后的结果是原数的 4 倍。从十进制的角度来看，数值从 39（00100111）变成了 156（10011100），我们可以发现数值正好是原来的 4 倍（39×4=156）。

仔细思考一下就会发现，这是理所当然的事情。在十进制下将数字左移，数值就会变成原来的 10 倍、100 倍、1000 倍……同样，在二进制下将数字左移，数值就会变成原来的 2 倍、4 倍、8 倍……相反，在二进制下将数字右移，数值就会变成原来的 1/2、1/4、1/8……通过这个例子我们可以发现，移位运算可以代替乘法运算和除法运算。

2.4 便于计算机处理的“2 的补码”

刚才没有详细讲解右移运算，是因为在右移运算中空出来的高位上填充的数字有 0 和 1 两种情况。要区分这两种情况，需要先了解一下二进制中如何表示负数。内容稍微有点长，我们先看表示负数的方法，然后学习右移运算的方法。

要在二进制中表示负数，一般的方法是将最高位用来表示符号，这时最高位被称为符号位。我们可以约定，**符号位**为 0 时表示正数，符号位为 1 时表示负数。按照这样的约定，-1 用 8 位二进制数应该如何表示呢？可能有人会说：“1 用二进制表示是 00000001，那么 -1 自然是 10000001 了。”很遗憾，这个答案是错误的。-1 用 8 位二进制数表示应该是 11111111。

计算机在进行减法运算时，其内部实际上进行的是加法运算。也就是说，计算机是用加法运算来实现减法运算的。为了实现这一点，在表示负数的时候，我们需要使用“2 的补码”这一特殊的方法。**2 的补码**是在二进制中用正数来表示负数的一种神奇的方法。

要得到 2 的补码，我们需要先将二进制数的各位数字反转[①]，然后再将结果加 1。例如，将 -1 用 8 位二进制数表示，就相当于求 1（即 00000001）的 2 的补码。00000001 的 2 的补码，就是将其各位数字中的 0 变成 1，1 变成 0，然后将得到的结果加 1，也就是 11111111（**图 2-5**）。

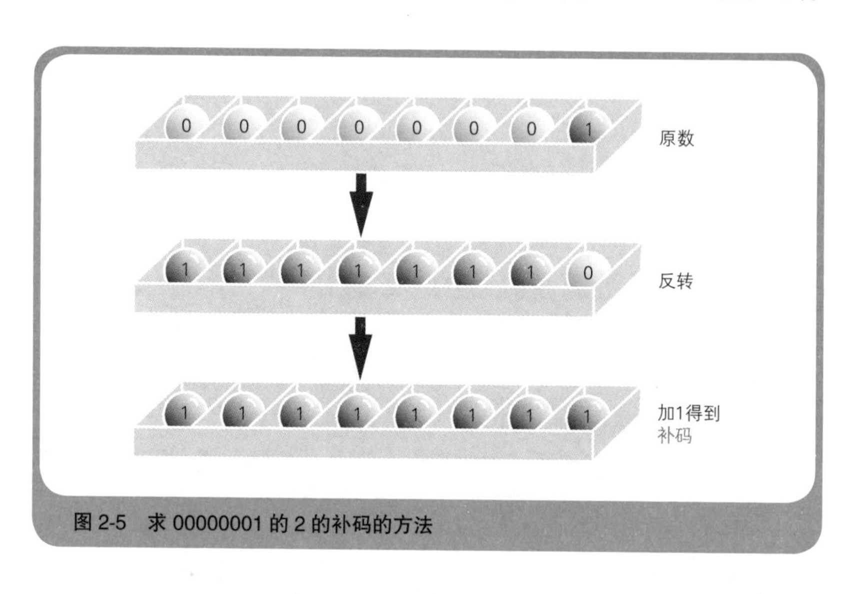

图 2-5　求 00000001 的 2 的补码的方法

大家可能很难直观地理解 2 的补码这种方法，但它实际用起来非常完美。假设我们要计算 1-1，也就是计算 1+(-1)，答案显然是 0。

① 这里的反转是指将二进制数各位数字中的 0 变为 1，1 变为 0。例如，8 位二进制数 00000001 反转后就变为 11111110。

首先我们将 -1 表示成 10000001 来试试看（错误的方法）。“00000001+10000001”的结果是 10000010，显然不是 0（**图 2-6**），因为所有位上的数字都是 0 才表示 0。

```
  00000001 …… 这样表示1是正确的
+ 10000001 …… 这样表示-1是错误的
  10000010 …… 1+(-1)的结果不是0，因此是错误的
```

图 2-6 用错误的方法表示负数的情况

接下来我们将 -1 表示成 11111111 来试试看（正确的方法）。“00000001+11111111”的结果正好是 0（=00000000）。在这个运算中，最高的第 9 位的数字溢出了，我们之前讲过，计算机会舍弃溢出的数字，因此在 8 位范围内计算的话，100000000 这个 9 位二进制数就会变成 00000000（**图 2-7**）。

```
  00000001 …… 这样表示1是正确的
+ 11111111 …… 这样表示-1也是正确的
 100000000 …… 1+(-1)的结果等于0，是正确的
 ↑
 这里溢出的数字被舍弃
```

图 2-7 用正确的方法表示负数的情况

对于求 2 的补码的方法，大家可以用“反转 +1”的口诀来记。为什么使用 2 的补码就可以正确表示负数呢？通过图 2-7 应该可以看出，

将一个二进制数反转后再加 1，然后和原数相加的结果一定为 0[①]。请大家先尝试用 1 和 -1 的二进制为例，讲一讲 2 的补码的原理。不仅是 1+(-1)，对于 2+(-2)、39+(-39) 等其他的数，要想让结果为 0，都需要使用 2 的补码。

当然，结果不为 0 的运算，使用 2 的补码也可以得到正确的结果。但需要注意的是，如果运算结果是负数，那么这个负数也是以 2 的补码来表示的。我们以 3-5 这个运算为例。3 表示成 8 位二进制数是 00000011，5（=00000101）用 2 的补码表示就是“反转 +1”，即 11111011，因此 3-5 就相当于“00000011+11111011”。

“00000011+11111011”的运算结果是 11111110，其最高位为 1。由此可知，它表示的是一个负数。大家知道 11111110 代表负几吗？这里我们可以利用负负得正的性质。如果 11111110 是负 ××，那么 11111110 的 2 的补码就是正 ××，因此只要求 2 的补码的补码，就可以得到其绝对值。11111110 的 2 的补码，就是反转再加 1，得到 00000010，也就是十进制的 2。因此，11111110 就代表 -2，与 3-5 的结果正好吻合（图 2-8）。

```
  00000011 …… 这是3
+ 11111011 …… 这是用2的补码表示的-5
──────────
  11111110 …… 这是用2的补码表示的运算结果-2
```

图 2-8　3-5 的运算结果

① 例如，00000001 反转后是 11111110，再加 1 是 11111111。由于所有数位都是 1，所以只要再加上原数 00000001，就会向第 9 位进位变成 100000000。由于我们在 8 位范围内进行计算，会自动舍弃第 9 位，所以结果是 00000000。

在编程语言提供的整数类型[①]中，有些可以处理负数，有些不能处理负数。例如，C 语言的数据类型中，有不能处理负数的 unsigned short 型，也有能处理负数的 short 型。这两种类型的变量长度都是 2 字节（=16 比特），都能表示 2 的 16 次幂 =65536 种不同的值。但是，它们能表示的值的范围不同，short 型是 -32768～32767，而 unsigned short 型是 0～65535。这是因为 short 型将最高位为 1 的值按照 2 的补码来处理，而 unsigned short 型则将其作为 32768 以上的正数来处理。

认真思考 2 的补码的原理，我们就可以理解为什么在 -32768～32767 这个范围中，负数比正数要多一个。这是因为最高位为 0 的数有 0～32767，共 32768 个，其中已经包含了 0，而最高位为 1 的数都是负数，即 -1～-32768，也是 32768 个，其中不包含 0。也就是说，由于 0 被包含在正数的范围内，所以负数比正数要多一个。尽管 0 不是正数，但从符号位的角度来看，它和正数属于同一类。

2.5 逻辑右移与算术右移的区别

理解了 2 的补码之后，我们再回到右移运算这个话题。之前讲过，在右移运算中，移动后空出来的高位有用 0 填充和用 1 填充两种情况。如果将二进制数想象成图案而不是数值，在右移时就会用 0 来填充高位，就像图案在霓虹灯牌上向右滚动的感觉，这种做法称为**逻辑右移**（**图 2-9**）。

① 很多编程语言会将数据赋值给变量来使用。变量会被指定数据类型，数据类型表示变量能够存储的数据种类（整数或是小数）以及长度（位数）。在 C 语言的数据类型中，有 char、unsigned char、short、unsigned short、int、unsigned int 等整数类型，以及 float、double 等小数类型。关于数据类型，第 4 章中会详细介绍。

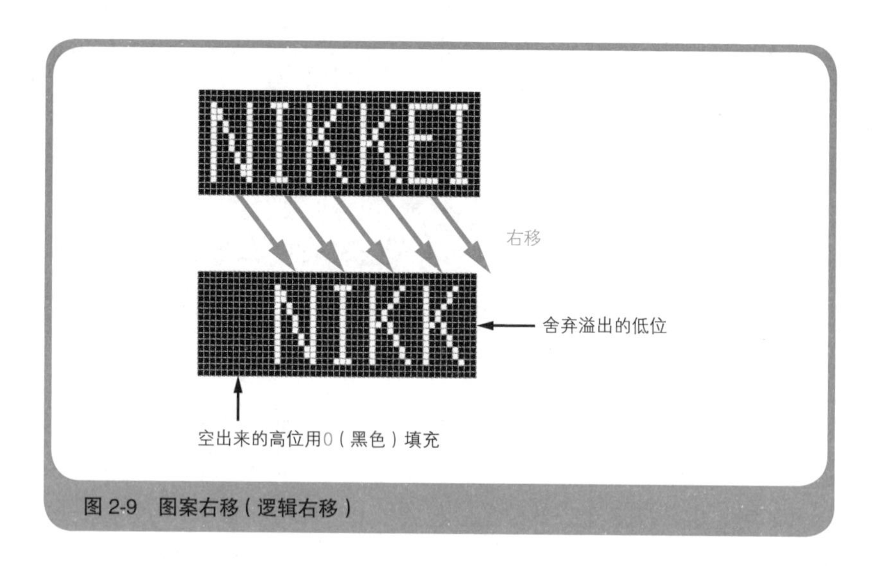

图 2-9 图案右移（逻辑右移）

在需要将二进制数作为有符号的数值来运算时，右移时用原数符号位的值（0 或 1）来填充高位，这种做法称为**算术右移**。当原数是以 2 的补码形式表示的负数时，右移时空出来的高位就会用 1 填充，从而对有符号数进行正确的 1/2、1/4、1/8 等数值运算。而当原数是正数时，高位用 0 来填充就可以了。

下面我们来看一个右移运算的例子。假设我们要将 -4（=11111100）右移 2 位，如果是逻辑右移，结果就是 00111111，即十进制的 63。但是，这个结果并不是 -4 的 1/4，如果用算术右移，结果就是 11111111，正好是以 2 的补码表示的 -1，这样我们就能正确计算出 -4 的 1/4 了（图 2-10）。

只有在右移运算中才需要区分逻辑移位和算术移位。在左移运算中，只要将空出来的低位用 0 填充，就可以同时满足图案移动（逻辑左移）和乘法运算（算术左移）两种情况的需要了。

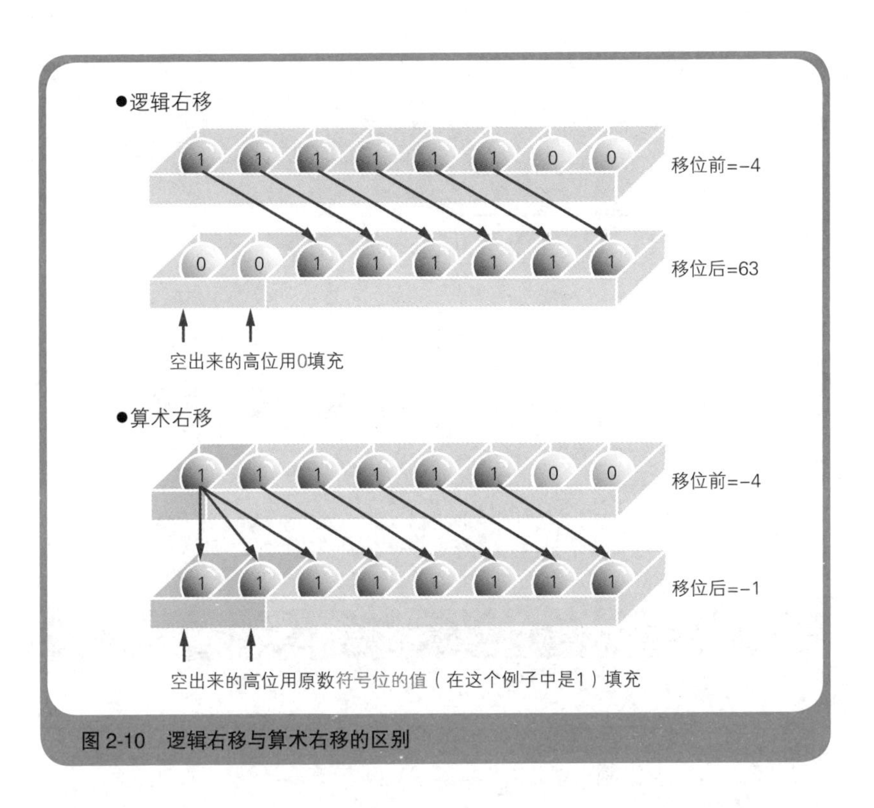

图 2-10　逻辑右移与算术右移的区别

这里还要介绍一下**符号扩展**（sign extension）。当我们要将一个 8 位二进制数在不改变其值的情况下转换成 16 位二进制数或者 32 位二进制数时，就需要使用符号扩展。将 01111111 这样的二进制正数转换成 16 位就是 0000000001111111，这种情况很容易处理，但如果是像 11111111 这样的以 2 的补码表示的负数，该怎样转换呢？其实，转换方法很简单，只要写成 1111111111111111 就可以了。无论是正数，还是以 2 的补码表示的负数，进行符号扩展时都只要用符号位的值（0 或 1）填充高位即可，也就是将符号位直接扩展到高位（图 2-11）。

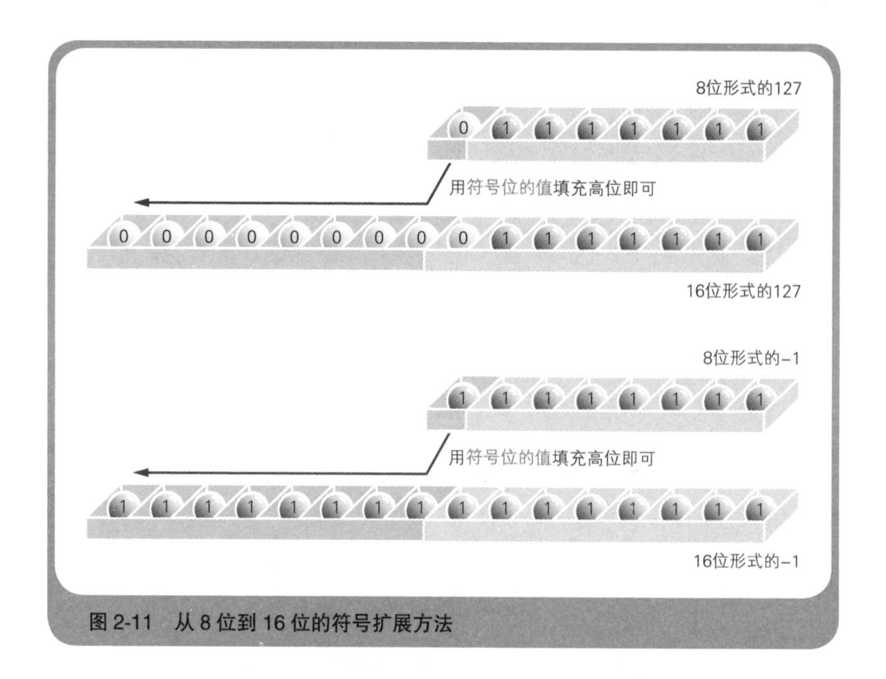

图 2-11 从 8 位到 16 位的符号扩展方法

2.6 掌握逻辑运算的窍门

刚才我们讲逻辑右移的时候提到了“逻辑”这个词。有的读者看到逻辑就觉得有点难了，其实它很简单。在运算中，“逻辑”是与“算术”相对的概念。我们可以这样认为：将二进制数所表示的信息当作四则运算中的数值来处理就是**算术**，而像图案这样，将其当作单纯由 0 和 1 组成的序列来处理就是**逻辑**。

之前我们讲过，计算机能够执行的运算包括移位运算、算术运算和逻辑运算。**算术运算**指的就是加减乘除四则运算，**逻辑运算**指的是对二进制数各位的 0 和 1 分别进行运算，包括逻辑非（NOT 运算）、逻辑与（AND 运算）、逻辑或（OR 运算）和逻辑异或（XOR 运算[①]）4 种。

① XOR 是英语 exclusive or 的缩写，有时也写作 EOR。

逻辑非就是将 0 反转为 1，将 1 反转为 0。**逻辑与**就是在两者都为 1 时运算结果为 1，否则运算结果为 0。**逻辑或**就是在至少有一方为 1 时运算结果为 1，否则运算结果为 0。**逻辑异或**是一种排他的，也就是不喜欢对方和自己相同的运算，当两者不同，即一方为 1，一方为 0 时，运算结果为 1，否则运算结果为 0。对多位二进制数进行逻辑运算，就是对相应的每一位进行运算。

表 2-1 至**表 2-4** 中为大家整理了逻辑运算的结果。这类表称为**真值表**（truth table）。如果我们让二进制的 0 表示假（FALSE），让 1 表示真（TRUE），那么逻辑运算也可以认为是一种决定真假的运算。“真”和“真”的逻辑与运算的结果是“真”，这也符合常识，因为双方都是真的话，结果一定是真。

表 2-1　逻辑非（NOT）的真值表

A 的值	NOT A 的运算结果
0	1
1	0

表 2-2　逻辑与（AND）的真值表

A 的值	B 的值	A AND B 的运算结果
0	0	0
0	1	0
1	0	0
1	1	1

表 2-3　逻辑或（OR）的真值表

A 的值	B 的值	A OR B 的运算结果
0	0	0
0	1	1
1	0	1
1	1	1

表 2-4　逻辑异或（XOR）的真值表

A 的值	B 的值	A XOR B 的运算结果
0	0	0
0	1	1
1	0	1
1	1	0

掌握逻辑运算的窍门，就是抛开二进制代表数字的常规思路，将二

进制想象成图案或开关的 ON/OFF（1 表示 ON，0 表示 OFF）。逻辑运算的对象不是数值，因此不会产生进位。再次提醒大家，不要把它理解为数值运算。此外，对于每种逻辑运算分别具有怎样的功能，建立直观的印象非常重要，建立直观印象之后，不看真值表也可以判断运算结果。

图 2-12 中展示了对由字母“NI”组成的图案进行各种逻辑运算之后所形成的结果。图案中白色的部分为 1，黑色的部分为 0。通过观察图 2-12，大家应该能对逻辑运算有一个具体的感觉，即“逻辑非就是反转所有的点”“逻辑与就是将一部分点变成 0（置 0）”“逻辑或就是将一部分点变成 1（置 1）”“逻辑异或就是将一部分点反转”。

在逻辑非的情况下，图案中所有的点反转

NOT  = 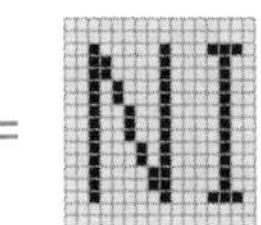

在逻辑与的情况下，图案中1和运算的部分不变，0和运算的部分变为0

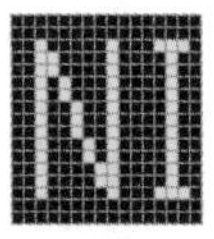 AND 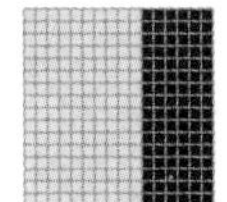 = 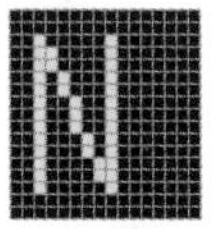

在逻辑或的情况下，图案中0和运算的部分不变，1和运算的部分变为1

 OR 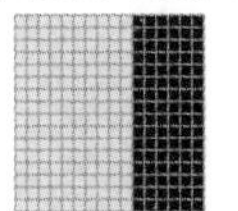 = 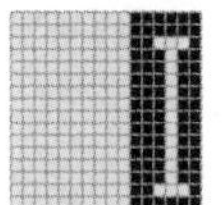

在逻辑异或的情况下，图案中0和运算的部分不变，1和运算的部分反转

 XOR 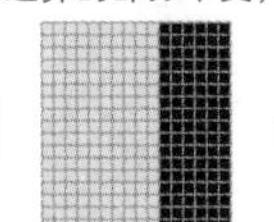 =

图 2-12 对图案进行 4 种逻辑运算所得到的结果（其中白色部分用 1 表示，黑色部分用 0 表示）

通过阅读本章内容，相信大家对二进制、移位运算和逻辑运算有了充分的理解。那么，二进制的小数 1011.0011 代表的十进制数是多少呢？想必大家一定十分好奇小数用二进制应该怎样表示。关于这部分内容，笔者会在下一章进行介绍。

如果是你，你会怎样讲呢？

给小学新生讲解 CPU 和二进制

阅读本书的各位读者，笔者希望你们能完成一个挑战，那就是向完全没有编程经验的人讲解程序的工作原理。如果理解了程序的本质，就应该能用任何人都可以理解的简单语言来讲解清楚。记得不要使用专业术语。在本书的专栏中，笔者会向小学生、老奶奶等不同的人进行讲解。各位读者可以在阅读时思考一下，如果是自己的话会怎样讲。

笔者：你见过计算机吧？

小学生：见过！

笔者：在哪里见过？

小学生：家里和学校里都有啊。

笔者：那你会用计算机来做什么呢？

小学生：画画和上网。

笔者：不错，看来你是个计算机小达人呢！那你知道计算机内部是什么样的吗？

小学生：不知道……

笔者：那叔叔就来给你讲讲吧。看这是什么？

小学生：这是什么啊？

笔者：这是计算机里面的零件，叫CPU。你能用计算机画画、上网，都是这个零件的功劳。计算机里面有很多零件，其中最重要的就是这个。

小学生：这上面有很多尖尖的刺呢。

笔者：你观察到了重点。这些是引脚，它们可以通电。

小学生：那通电之后会发生什么呢？会亮吗？

笔者：CPU 可不会亮，但我们可以用电流给 CPU 传达指令和数字。比如说，你想让计算机计算 1+2，就要向它传达“做加法”的指令，以及 1 和 2 两个数字。

小学生： 怎样才能用电流来传达指令和数字呢？

笔者： 你又提了一个好问题。CPU 的引脚通电就代表数字 1，不通电就代表数字 0。我们人类使用的是 0 ～ 9 这 10 个数字，但计算机只有通电和不通电两种状态，所以只能使用 0 和 1 两个数字。怎么样，是不是很有趣呢？

小学生： 只有 0 和 1 不就不能数数了吗？

笔者： 不会的，我们来试试看。0, 1, 10, 11, 100, …, 1010。你看，不是可以数数的吗？

小学生： 1 的后面是 10（一零），这也太奇怪了吧。

笔者：（嘿嘿，重点来了……）不奇怪，这就是二进制记数法。我们人类按 0, 1, 2, 3, …, 9, 10 这样来数数，数到 9 后面就变成了 10，这是十进制记数法。计算机使用的数字只有 0 和 1，因此 1 的后面就是 10 了。

小学生： 你都把我说晕了。

笔者：（哎呀，完了……）我们可以这样想。人类碰巧有 0 ～ 9 这 10 个数字可以用，但是在遥远的宇宙的另一端，有一群只用 0 和 1 这两个数字数数的外星人，而计算机就像外星人一样，这样说能听懂吗？

小学生： ？

笔者： 听懂了吗？

小学生： 听……懂了。

笔者： 声音怎么这么小。

小学生： 听懂了！……应该吧。

第3章 计算机在计算小数时会出错的原因

热身准备

进入正题之前，我为大家准备了一些热身问题，大家可以看看自己是否能够准确回答。

1. 二进制数 0.1 转换成十进制数是多少？
2. 能否用有 3 位小数的二进制数表示出十进制数 0.625？
3. 将小数分成符号、尾数、基数、指数这 4 个部分来表示的格式叫什么名字？
4. 二进制的基数是几？
5. 将表示范围的中间值设为 0，从而不使用符号位也能表示负数的方法叫什么名字？
6. 二进制数 10101100.01010011 转换成十六进制数是多少？

怎么样？有些问题是不是无法简单回答出来呢？下面给出笔者的答案和解析供大家参考。

答案

1. 0.5
2. 能
3. 浮点数
4. 2
5. 移码表示法
6. AC.53

解析

1. 二进制数小数点后第 1 位的位权是 2-1=0.5，因此二进制数 0.1 → 1 × 0.5 →十进制数 0.5。
2. 十进制数 0.625 转换成二进制数是 0.101。
3. 浮点数是用“符号 尾数 × 基数的指数次幂”的格式来表示小数的。
4. 二进制的基数是 2，十进制的基数是 10，也就是说，× × 进制的基数是 × ×。
5. 如果把 01111111 看作 0，那么比这个数小 1 的 01111110 就是 -1。
6. 无论是整数部分还是小数部分，每 4 位二进制数都相当于 1 位十六进制数。

本章要点

大家可能会认为准确无比的计算机不可能会在计算上出错，但实际上，程序有时也会得出错误的运行结果，对小数的计算就是其中一个例子。在本章中，笔者将介绍计算机是如何处理小数的，这也是所有程序员必须掌握的基础知识之一。掌握了这个知识，就能知道计算机计算出错的原因，以及避免这类问题出现的方法。本章的内容稍微有点难度，笔者会细致地进行讲解，请大家努力跟上。

3.1 将 0.1 累加 100 次的结果不是 10

首先，我们来看一个计算机计算出错（没有得到正确的计算结果）的例子。**代码清单 3-1** 是一个 C 语言程序，其功能是将 0.1 累加 100 次，并将结果显示在屏幕上。我们创建一个 list3_1.c 文件，然后将它编译成可执行文件 list3_1.exe（后面出现的程序都以 list+ 代码编号的形式命名）。

程序首先将 0 赋值给变量 *sum*，然后将 0.1 累加 100 次。*sum*+=0.1; 表示将当前 *sum* 中的值加上 0.1。for (i=1; i<=100; i++){…} 表示将 { } 中的内容重复执行 100 次。最后，变量 *sum* 中的值就是将 0.1 累加 100 次的结果，我们用 printf("%f\n", *sum*); 将结果显示出来。

通过口算就能算出，将 0.1 累加 100 次的结果等于 10。然而，运行代码清单 3-1 的程序后会发现，屏幕上显示的值不是 10（**图 3-1**）。

出现这种现象的原因，既不是程序编写错误，也不是计算机出现了故障，当然更不是 C 语言本身的问题。如果你知道计算机是如何处理小数的，就能明白出现这样的错误是理所当然的。那么，计算机到底是如何处理小数的呢？

代码清单 3-1　将 0.1 累加 100 次的 C 语言程序[①]

```
#include <stdio.h>

int main() {
    float sum;
    int i;

    // 将用来保存累加结果的变量清零
    sum = 0;

    // 将 0.1 累加 100 次
    for (i = 1; i <= 100; i++) {
        sum += 0.1;
    }

    // 显示结果
    printf("%f\n", sum);

    return 0;
}
```

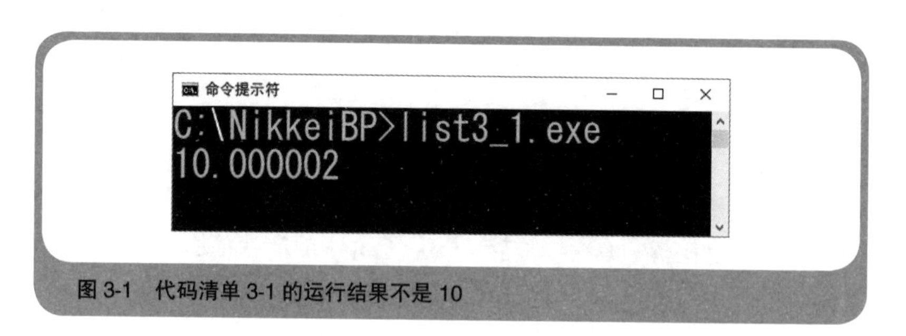

图 3-1　代码清单 3-1 的运行结果不是 10

① 可以在 BCC32 编译器（参见第 8 章）中输入“bcc32c list3_1.c”。

3.2 如何用二进制表示小数

第 2 章中，笔者在整数的范围内介绍了二进制数的表示方法。在计算机内部，所有信息（数据）都是用二进制来表示的。这一点对整数和小数来说都一样。但是，用二进制表示小数的方法和表示整数的方法有很大区别。

在讲解计算机用二进制表示小数的具体方法之前，我们先来做一下热身准备，尝试将 1011.0011 这个二进制小数转换成十进制。整数部分的转换方法已经在第 2 章介绍过了，只要将各位数字乘以对应的位权[①]，然后将结果全部加起来就可以了。那么，小数部分应该如何转换呢？和整数一样，将各位数字乘以对应的位权后相加即可（图 3-2）。

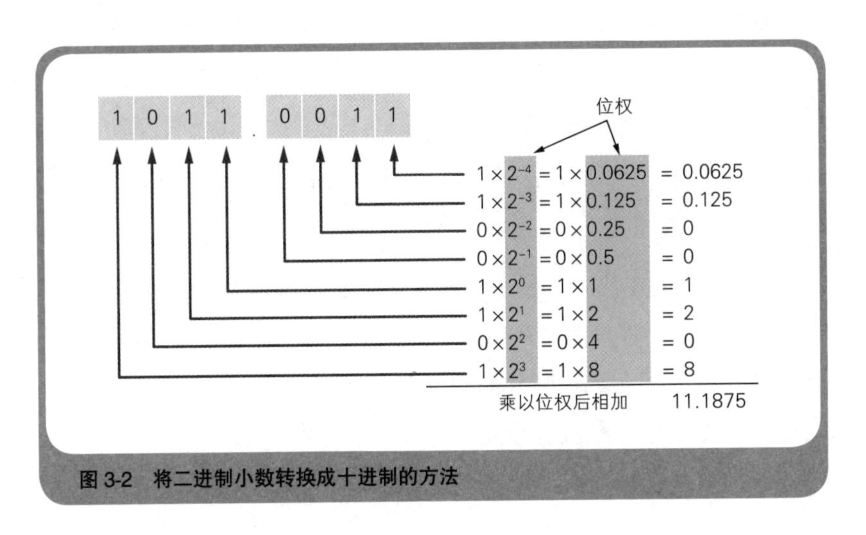

图 3-2 将二进制小数转换成十进制的方法

① 位权是指各位数字所表示的单位值。详见 2.2 节。

在二进制中，整数部分的位权，第 1 位是 2 的 0 次幂，第 2 位是 2 的 1 次幂，以此类推。小数部分的位权，第 1 位是 2 的 −1 次幂，第 2 位是 2 的 −2 次幂，以此类推。从 0 次幂开始，高位方向的位权是按 1 次幂、2 次幂这样的方式递增的，因此低位方向的位权自然要按 −1 次幂、−2 次幂这样的方式递减。不仅是二进制，十进制和十六进制里也是一样的。在二进制中，第 3 位小数代表 2 的 −3 次幂（0.125），第 4 位小数代表 2 的 −4 次幂（0.0625），因此，小数部分的 .0011 转换成十进制数就是 0.125+0.0625=0.1875。整数部分 1011 转换成十进制数是 11，因此二进制数 1011.0011 转换成十进制数就是 11+0.1875=11.1875。

3.3　计算机计算出错的原因

知道了二进制小数转换成十进制数的方法，我们就可以理解计算机为什么会计算错了。先说一下答案，原因是有一些十进制小数无法准确转换成二进制数。例如，十进制数 0.1 就无法用二进制数来准确表示，即使用几百位小数也表示不了。接下来就讲一讲造成这一现象的原因。

图 3-2 中的 4 位二进制小数能表示的数值范围是 0.0000～0.1111，因此能表示的小数只能是 0.5、0.25、0.125、0.0625 这 4 个位权本身及其相加的排列组合。这些数值的排列组合能表示的数如表 3-1 所示，我们可以发现这些十进制数是不连续的。

表 3-1 4 位二进制小数能表示的数
二进制数是连续的，但十进制数是不连续的

二进制数	对应的十进制数
0.0000	0
0.0001	0.0625
0.0010	0.125
0.0011	0.1875
0.0100	0.25
0.0101	0.3125
0.0110	0.375
0.0111	0.4375
0.1000	0.5
0.1001	0.5625
0.1010	0.625
0.1011	0.6875
0.1100	0.75
0.1101	0.8125
0.1110	0.875
0.1111	0.9375

从表 3-1 可以看出，在十进制数中，0 的后面就是 0.0625，也就是说，这两个数之间的数，都不能用 4 位二进制小数来表示，而 0.0625 的下一个数一下子就到了 0.125。虽然我们可以通过增加二进制小数的位数来增加与之对应的十进制数的个数，但无论增加多少位小数，都无法通过让 2 的负 ×× 次幂相加来凑出 0.1。实际上，将十进制数 0.1 转换成二进制数，会得到 0.00011001100⋯（之后 1100 不断重复）这样一个**循环小数**[①]。这和十进制小数无法准确表示 1/3 是一样的道理，1/3 只能用 0.3333⋯这样的循环小数来表示。

说到这里，大家应该能明白为什么代码清单 3-1 的程序无法得出正

① 像 0.3333⋯这样由相同的数字无限重复构成的小数称为循环小数。计算机能力有限，无法直接处理循环小数。

确的计算结果了吧。无法准确表示的值就只能使用近似值来表示。计算机能力有限，无法处理无限的循环小数，只能根据变量所对应的数据类型的比特数，对数值进行截断或者采取四舍五入的处理。因此，如果将 0.3333…这个循环小数从中间截断变成 0.333 333，也会产生同样的问题，将它乘以 3 的结果也不是 1（而是 0.999 999）。

3.4　什么是浮点数

像 1011.0011 这样用小数点来表示二进制小数的写法只能用在纸面上，在计算机内部不使用这种方式。下面笔者来讲一讲计算机实际上是如何处理小数的。

很多编程语言提供了两种能表示小数的数据类型：双精度（double precision）浮点型和单精度（single precision）浮点型。**双精度浮点型**[①]的长度为 64 位，**单精度浮点型**的长度为 32 位。在 C 语言中，双精度浮点型称为 double，单精度浮点型称为 float。这些数据类型都使用了浮点数[②]来表示小数。下面先介绍一下浮点数到底是如何表示小数的。

浮点数将小数分为符号、尾数、基数和指数 4 个部分来表示

① 双精度浮点型的表示范围为 $4.940\,656\,458\,412\,47 \times 10^{-324}$～$1.797\,693\,134\,862\,32 \times 10^{308}$ 的正数和 $-1.797\,693\,134\,862\,32 \times 10^{308}$～$-4.940\,656\,458\,412\,47 \times 10^{-324}$ 的负数。单精度浮点型的表示范围为 $1.401\,298 \times 10^{-45}$～$3.402\,823 \times 10^{38}$ 的正数和 $-3.402\,823 \times 10^{38}$～$-1.401\,298 \times 10^{-45}$ 的负数。但是在这个范围内，依然存在无法准确表示的数，这一点在正文中已经介绍过了。

② 像 $0.123\,45 \times 10^{3}$ 和 $0.123\,45 \times 10^{-1}$ 这样，小数点位置和实际位置不同的表示方式称为浮点数。相对地，用实际的小数点位置来表示小数的方式称为定点数。将 $0.123\,45 \times 10^{3}$ 和 $0.123\,45 \times 10^{-1}$ 写成定点数就是 123.45 和 0.012 345。

（图 3-3）。由于计算机内部使用二进制，基数一定是 2，所以实际的数据中不包含基数，只用符号、尾数和指数 3 部分就可以表示浮点数了。在实际数据中，这 3 部分会共同占用 64 位（双精度浮点型）或 32 位（单精度浮点型）的长度（图 3-4）。

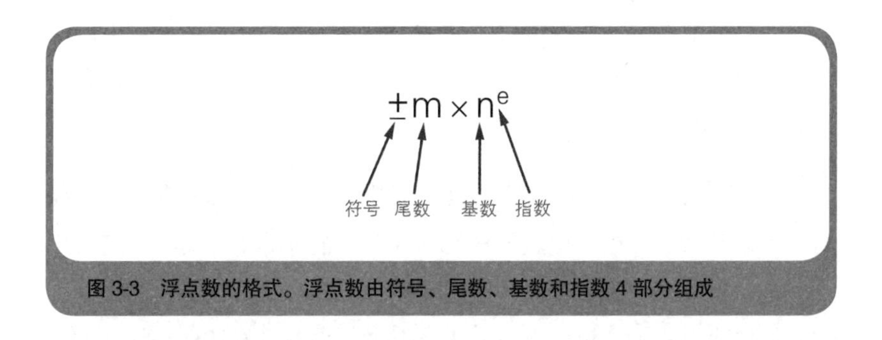

图 3-3　浮点数的格式。浮点数由符号、尾数、基数和指数 4 部分组成

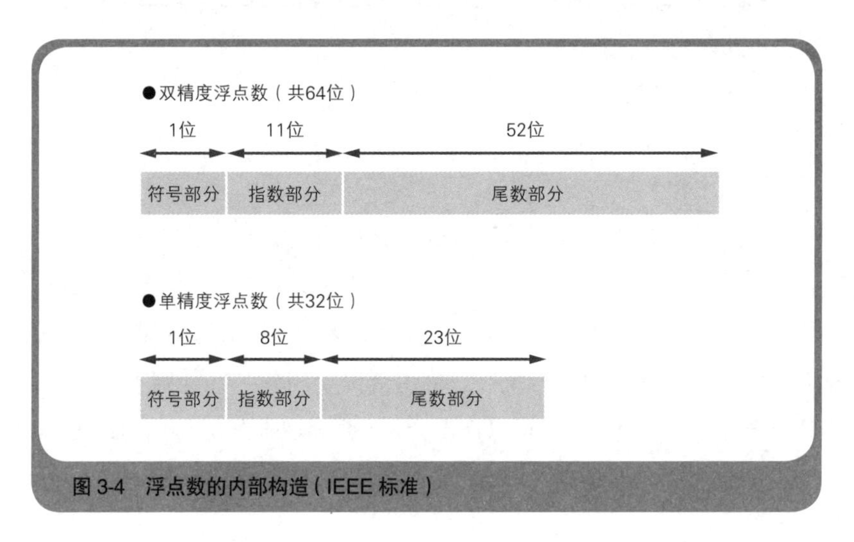

图 3-4　浮点数的内部构造（IEEE 标准）

浮点数的表示方法有很多种，这里为大家介绍的是使用最为广泛

的 IEEE[①] 标准。双精度浮点数和单精度浮点数在表示数值时所使用的位数不同，双精度浮点数能表示的数值的范围比单精度浮点数的大。

符号部分使用 1 位来表示数值的符号。其中“1”表示“负数”，“0”表示“正数或 0”，这和二进制整数中的符号位是相同的。数值的大小通过尾数部分和指数部分来表示。于是，整个小数的值就可以用“尾数部分 ×2 的指数部分次幂”的形式表示。到这里，大家应该有一个大概的理解了吧。

接下来的内容会稍微有点难度。尾数部分和指数部分都不是单纯的二进制整数。其中，**尾数部分**使用的是整数部分固定为 1 的规格化（normal）表示法，**指数部分**则使用移码（excess）表示法。这里出现了一些新的术语，大家可能有点头大，但是它们并没有那么难懂，请大家一定要认真读下去。

3.5 规格化表示法与移码表示法

尾数部分使用的**规格化表示法**[②]，其作用是将表示形式不一致的浮点数用统一的形式来表示。例如，十进制小数 0.75 可以用**图 3-5** 所示的任意一种方式来表示，但同一个数值有多种表示方法对计算机来说不好处理，因此必须进行统一。这里就需要用到一些规则了。例如，对于十进制浮点数，我们可以规定“整数部分必须为 0，小数部分的第 1 位不能为 0”。根据这一规定，0.75 就只能表示成“0.75×10 的 0 次

① IEEE（Institute of Electrical and Electronics Engineers）是电气与电子工程师学会的缩写，该学会制定了计算机领域的多种标准规范。

② 按特定的规则对数据进行整理和表示就称为“规格化”，也称为“正则化”。不仅是小数，字符串、数据库等也有各自的规格化表示。

幂”，即尾数部分为0.75，指数部分为0。像这样根据特定的规则来表示小数的方法就叫作规格化表示法。

$$0.75 = 0.75 \times 10^{0}$$

$$0.75 = 75 \times 10^{-2}$$

$$0.75 = 0.075 \times 10^{1}$$

图 3-5 浮点数中对同一数值的不同表示方法

我们刚才举了一个十进制的例子，在二进制中思路也是一样的，只不过二进制中使用的是**整数部分固定为 1 的规格化表示法**。我们需要将要表示的二进制小数左移或右移若干位（此处为逻辑移位，符号位是独立的[①]），使其整数部分的第 1 位为 1，第 2 位及之后都为 0（即从第 2 位起不存在有效数字）。此外，整数部分的 1 在实际的数据中是不存在的，因为整数部分一定是 1，所以我们可以将其省略，从而节省 1 比特，这样就可以（少许）扩大能表示的数的范围。这真是一个巧妙的设计。

图 3-6 展示了一个单精度浮点数规格化表示的具体示例。单精度浮点数的尾数部分有 23 位，由于省略了整数部分的 1，所以实际上可以表示 24 位的数值。双精度浮点数的规格化表示也是如此，只是使用的位数不同而已。

① 在整数中，表示符号的最高位与其余部分是一个整体，而在浮点数中，符号部分、尾数部分和指数部分是 3 个独立的数值，它们拼接在一起表示浮点数。

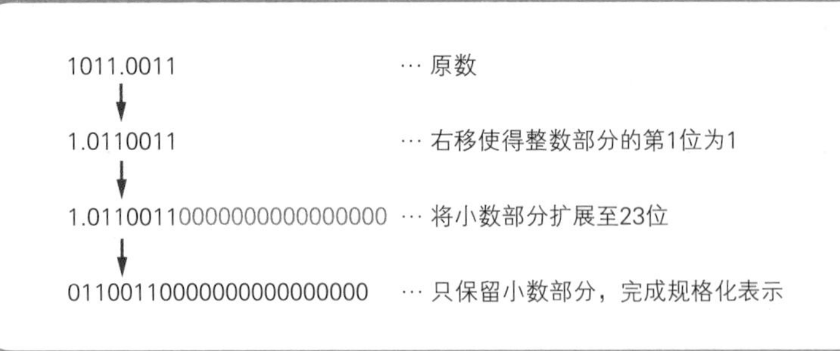

图 3-6 单精度浮点数尾数部分的规格化表示

接下来我们来了解一下指数部分所使用的移码表示法。这是一种不使用符号位来表示负数的方法。指数部分有时需要表示“负 ×× 次幂”这样的负数，**移码表示法**就是将指数部分表示范围的中间值规定为 0，从而可以在不使用符号位的情况下表示负数。单精度浮点数的指数部分为 8 位，我们将其最大值 11111111=255 的一半，即 01111111=127（向下取整）规定为 0；而双精度浮点数的指数部分为 11 位，我们将其最大值 11111111111=2047 的一半，即 01111111111=1023（向下取整）规定为 0。

移码表示法不太容易理解，笔者再结合一个例子讲解一下。假设有一个游戏，在这个游戏中需要用扑克牌的 1～13（A～K）来表示负数。于是，我们可以规定中间的 7 号牌代表 0。如果 7 代表 0，那么 10 号牌就代表 +3，3 号牌就代表 -4。这个规则实际上就是移码表示法。

表 3-2 以单精度浮点数为例，列出了指数部分的实际值与其在移码表示法中对应的值。例如，指数部分为二进制数 11111111（十进制数 255）时，它在移码表示法中就代表 128，因为 255-127=128。因此，8 位的指数部分可以表示的指数范围为 -127～128。

表 3-2 单精度浮点数指数部分的移码表示

实际值（二进制）	实际值（十进制）	移码表示法中的对应值（十进制）
11111111	255	128（=255－127）
11111110	254	127（=254－127）
⋮	⋮	⋮
01111111	127	0（=127－127）
01111110	126	－1（=126－127）
⋮	⋮	⋮
00000001	1	－126（=1－127）
00000000	0	－127（=0－127）

3.6 用程序来实际确认一下吧

读到这里，可能有些读者感到头都大了。这些内容可能不是仅通过阅读文字就能马上理解的。既然如此，不妨编写一个程序，通过实际操作来确认一下。下面我们就看看十进制小数 0.75 怎样用单精度浮点数表示（**代码清单 3-2**）。

运行这个程序，我们可以发现，十进制小数 0.75 用单精度浮点数表示出来是 0-01111110-10000000000000000000000（**图 3-7**）。为了区分符号部分、指数部分和尾数部分，我们在输出结果中插入了连字符（－），因此这个数的符号部分是 0，指数部分是 01111110，尾数部分是 10000000000000000000000。0.75 是一个正数，因此符号部分为 0。指数部分 01111110 是十进制数 126，按照移码表示法，它代表的指数是 －1（126－127=－1）。尾数部分 10000000000000000000000 采用了整数部分为 1 的规格化表示法，实际上代表的二进制数是 1.10000000000000000000000，将其转换成十进制数就是 (1×2 的 0 次幂)+(1×2 的 －1 次幂)=1.5。因此，单精度浮点数 0-01111110-10000000000000000000000 所表示的数值就是“1.5×2 的 －1 次幂”。由于 2 的 -1 次幂等于 0.5，所以 1.5×0.5=0.75（**图 3-8**）。瞧，正好就是 0.75 吧！

我们再使用同一段程序看一看十进制小数 0.1 用单精度浮点数是如何表示的，结果是 0-01111011-10011001100110011001101（只要将程序中的 data=(float)0.75; 改成 data=(float)0.1; 即可）。至于这个数转换成十进制数是多少，如果真要计算的话估计大家又要头大了，我们还是省省吧，反正结果肯定不是正好为 0.1。

代码清单 3-2　用于查看单精度浮点数表示方法的 C 语言程序

```
#include <stdio.h>
#include <string.h>

int main() {
    float data;
    unsigned long buff;
    int i;
    char s[35];

    // 将 0.75 以单精度浮点数形式赋值给变量 data
    data = (float)0.75;

    // 将 data 的内容存入一个 4 字节的整数型变量 buff，以便逐一获取每个比特的内容
    memcpy(&buff, &data, 4);

    // 逐一获取每个比特的内容
    for (i = 33; i >= 0; i--) {
        if(i == 1 || i == 10) {
            // 在符号部分、指数部分和尾数部分之间插入连字符
            s[i] = '-';
        } else {
            // 判断各比特是 '0' 还是 '1'
            if (buff % 2 == 1) {
                s[i] = '1';
            } else {
                s[i] = '0';
            }
            buff /= 2;
        }
    }
    s[34] = '\0';
```

```
    // 显示结果
    printf("%s\n", s);

    return 0;
}
```

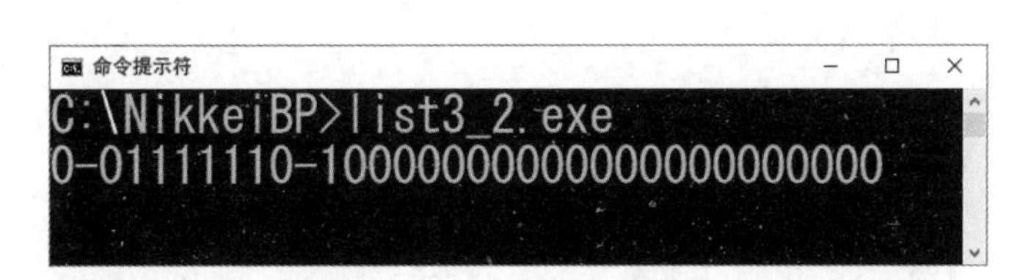

图 3-7 代码清单 3-2 的运行结果

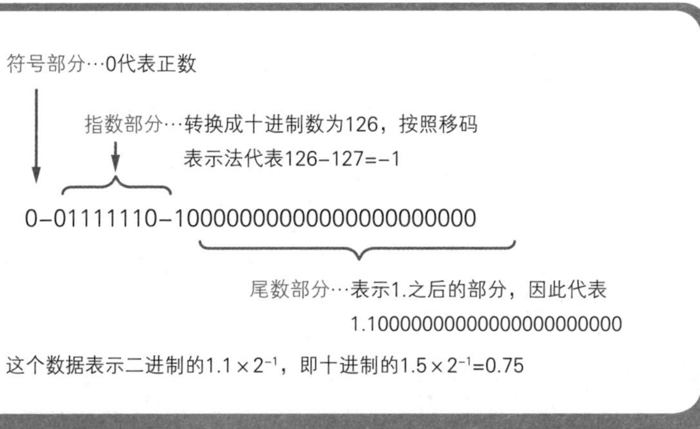

图 3-8 单精度浮点数表示的数据

3.7　如何避免计算机计算出错

用浮点数来处理小数是计算机会计算出错的原因之一（除此之外，还有因为溢出而计算出错的情况）。关于程序的数据类型，无论使用单精度浮点型还是双精度浮点型，都存在计算错误的可能性。下面笔者来介绍两种解决方法。

第一种是回避策略，也就是忽略错误。根据程序的用途，有时候计算结果的微小误差并不会产生实际的问题。以用计算机进行工业产品设计为例，将 100 个 0.1 毫米的零件连起来后的产品的长度不一定非得是 10 毫米，即便结果是 10.000 002 毫米也没有问题。一般在科学计算领域，计算机的结果是近似值就足够了，微小的误差完全可以忽略不计。

第二种方法是用整数替代小数进行计算。计算机在计算小数时可能会出错，但在计算整数时（只要不超过规定的数值范围）完全不会出错。因此，我们可以在计算时临时使用整数，然后将计算结果用小数表示。例如，本章开头提到的将 0.1 累加 100 次的计算，只要将 0.1 扩大 10 倍变成整数 1，然后将 1 累加 100 次，再将结果除以 10 显示出来就可以了（**代码清单 3-3 和图 3-9**）。

BCD[①] 就是一种用整数替代小数的格式，它用 4 比特来表示 0~9 的 1 位十进制数，具体方式在这里不做赘述。BCD 格式常用于不允许有计算误差的金融领域。

---

① BCD（Binary Coded Decimal，二进码十进数）是一种数据格式，在大型计算机中比较常用。在编程语言中，COBOL 使用的就是 BCD 格式。BCD 分为非压缩（zoned）和压缩（packed）两种编码方式。

代码清单 3-3　用整数替代小数进行计算的 C 语言程序

```
#include <stdio.h>

int main() {
    // int 是整数数据类型
    int sum;
    int i;

    // 将用来保存累加结果的变量清零
    sum = 0;

    // 将 1 累加 100 次
    for (i = 1; i <= 100; i++) {
        sum += 1;
    }

    // 将结果除以 10
    sum /= 10;

    // 显示结果
    printf("%d\n", sum);

    return 0;
}
```

图 3-9　代码清单 3-3 的运行结果

3.8　二进制与十六进制

最后笔者想补充一点小知识，即二进制与十六进制的关系。二进制在以比特为单位表示数据时很有用，但它也有一个缺点，那就是位数太多的时候看起来会十分费劲。因此，在实际编程中，我们经常使用十六进制来代替二进制。在 C 语言程序中，在数值前面加上“0x”前缀就可以表示十六进制数。

4 位二进制数正好相当于 1 位十六进制数。例如，32 位的二进制数 00111101110011001100110011001101 就可以写成 8 位十六进制数 3DCCCCCD。因此，用十六进制来表示数字，其所需的位数是二进制的 1/4。显然位数较少的看起来更清楚一些（图 3-10）。

二进制小数在转换成十六进制时，在小数部分，4 位二进制数同样相当于 1 位十六进制数。如果不满 4 位，则在二进制数的末尾补 0。例如，1011.011 可以先在末尾补 0 变成 1011.0110，然后就可以写成十六进制数 B.6 了（图 3-11）。十六进制数小数部分第 1 位的位权是 16^{-1}，即 1/16=0.0625，大家应该能理解吧。

二进制数（32位）　　十六进制数（8位）
0011 1101 1100 1100 1100 1100 1100 1101 = 3DCCCCCD

图 3-10　使用十六进制可以让位数变得更少

二进制数（小数点后3位）　二进制数（在末尾补0）　十六进制数
1011.011 → 1011.0110 → B.6

图 3-11　小数部分也是 4 位二进制数相当于 1 位十六进制数

通过阅读第 2 章和本章，相信大家已经掌握了计算机用二进制处理数据（数值）的原理。下一章中，笔者将介绍用来存储数据的内存。如果学会在编程时关注内存的情况，应该就能完全理解 C 语言中的数组、指针这些普遍认为很难懂的概念了。

第4章

让内存化方为圆

热身准备

进入正题之前，我为大家准备了一些热身问题，大家可以看看自己是否能够准确回答。

1. 有 10 根地址信号引脚的内存芯片的地址范围是多大?
2. 高级编程语言的数据类型表示什么?
3. 在内存地址为 32 位的环境中，指针变量的长度是多少?
4. 长度为几字节的数据类型的数组和内存的物理结构是相同的?
5. 以 LIFO 方式读写数据的数据结构叫什么?
6. 根据数据的大小向两侧分支的数据结构叫什么?

怎么样？有些问题是不是无法简单回答出来呢？下面给出笔者的答案和解析供大家参考。

答案

1. 二进制的 0000000000 ~ 1111111111（十进制的 0 ~ 1023）
2. 表示其占用内存空间的大小，以及存储数据的格式
3. 32 位
4. 1 字节
5. 栈
6. 二叉查找树

解析

1. 10 根地址信号引脚能够表示 2^{10}=1024 个地址。
2. 例如，C 语言有一种 short 数据类型，它表示占用 2 字节的内存空间，其中储存的数据是整数。
3. 指针变量存储的内容是内存地址。
4. 内存在物理上是以 1 字节为单位存储数据的。
5. 栈是一种后进先出（LIFO=Last In First Out）的数据结构。
6. 二叉查找树是一种从节点分出两个分支的数据结构。

本章
要点

计算机是处理数据的机器，而程序负责规定处理步骤和数据结构。作为处理对象的数据存储在内存和磁盘中，因此程序员必须能够灵活地使用内存和磁盘。为此，我们不仅要理解内存和磁盘的物理（硬件）结构，也要理解它们的逻辑（软件）结构。

本章的主题是内存（磁盘将在第 5 章中介绍）。从物理上看，内存的结构其实非常简单，但通过程序的设计，我们也可以让内存变身为各种不同的数据结构来使用。例如，内存在物理上是方形的，但在程序中可以在逻辑上变成圆形（环形）来使用。这绝不是什么稀罕的事情，而是很多程序中使用的一般方法。

4.1 内存的物理结构十分简单

要了解内存结构，我们得先看一看它在物理层面上的工作原理。内存本质上是一种名为内存芯片的装置。**内存芯片**分为 RAM、ROM[①] 等不同类型，但从外部来看，它们的基本原理是相同的。内存芯片上有很多引脚，这些引脚负责连接电源，以及输入输出地址信号、数据信号和控制信号，通过指定地址，就可以对数据进行读写。

图 4-1 是内存芯片（这里假设它是 RAM[②]）引脚配置的一个示例。

① RAM（Random Access Memory，随机存取存储器）是既可读也可写的存储器，ROM（Read Only Memory，只读存储器）是只能读不能写的存储器。

② RAM 大体上可分为需要刷新的 DRAM（Dynamic RAM，动态 RAM）和不需要刷新的 SRAM（Static RAM，静态 RAM）两种。

这是一块假想的内存芯片，但实际的内存芯片也有这些引脚。在这些引脚中，VCC 和 GND 是电源，A0～A9 是地址信号，D0～D7 是数据信号，RD（read，读取的简写）和 WR（write，写入的简写）是控制信号。VCC 和 GND 连接电源，其他引脚则有 0 或 1 的信号。大多数情况下，直流电压 +5V 表示 1，0V 表示 0。

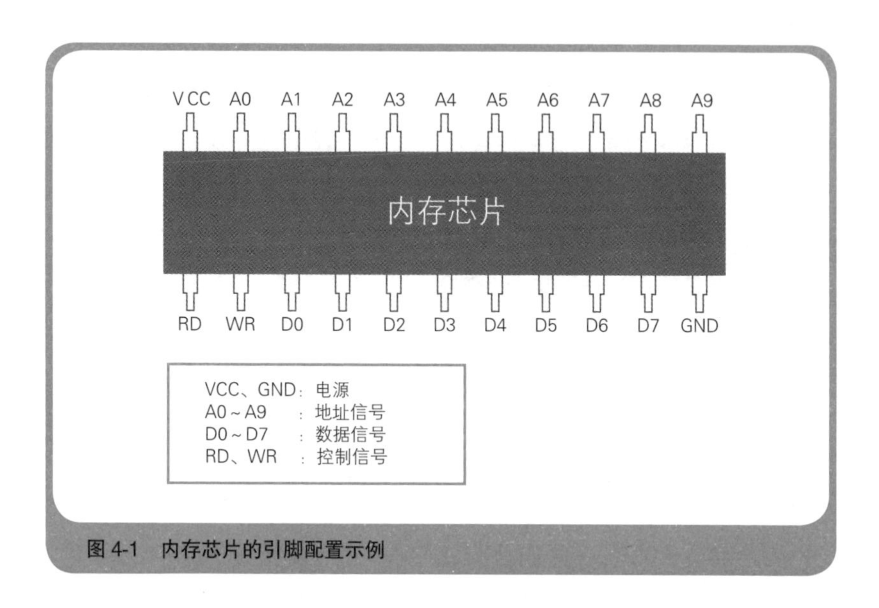

图 4-1　内存芯片的引脚配置示例

这样的一块内存芯片能存储多少数据呢？数据信号引脚有 D0～D7，共 8 根，因此我们知道它一次可以输入输出的数据长度为 8 比特（=1 字节）。地址信号引脚有 A0～A9，共 10 根，因此可以指定 0000000000～1111111111 这 1024 个地址。地址表示的是数据存储的位置，因此这块内存芯片能够存储 1024 个 1 字节的数据。由于 1024=1 K①，所以这块内存芯片的容量是 1 KB。

① 在计算机领域，人们习惯按照 1024 而不是 1000 进位，因为 1024 可以用 2 的整数次幂（2^{10}）表示。通常，小写的“k”表示 1000 进位，大写的“K”表示 1024 进位。

大家使用的计算机至少配备了 4 GB 的内存，这相当于 400 万块 1 KB 的内存芯片（4 GB ÷ 1 KB=4 MB=400 万）。当然，一台计算机中不可能装这么多块内存芯片，一般计算机所使用的内存芯片有更多的地址信号引脚，一块内存芯片中可存储数百 MB 的数据，因此只需要几块芯片就可以达到 4 GB 的容量。

我们再回来看这块假想的 1 KB 内存芯片。假设要向这块内存芯片中写入 1 字节的数据，我们需要先给 VCC 接上 +5V 电源，给 GND 接上 0V 电源，然后通过 A0～A9 的地址信号指定数据的存储位置，将要写入的数据值输入数据信号 D0～D7，最后将 WR 信号设置为 1。这样，数据就写入了内存芯片（图 4-2a）。

当需要读取数据时，我们需要通过地址信号 A0～A9 指定数据存储位置，将 RD 信号设置为 1，这时，指定地址中存储的数据就会通过 D0～D7 的数据信号引脚输出（图 4-2b）。在这里，WR、RD 这种让电路执行操作的信号称为**控制信号**。WR 和 RD 都设为 0 时，电路不会进行任何操作。

正如上面所讲的那样，内存芯片的物理结构其实非常简单。内存芯片内部有很多能存储 8 比特数据的容器，只要指定容器的地址就可以对数据进行读写。

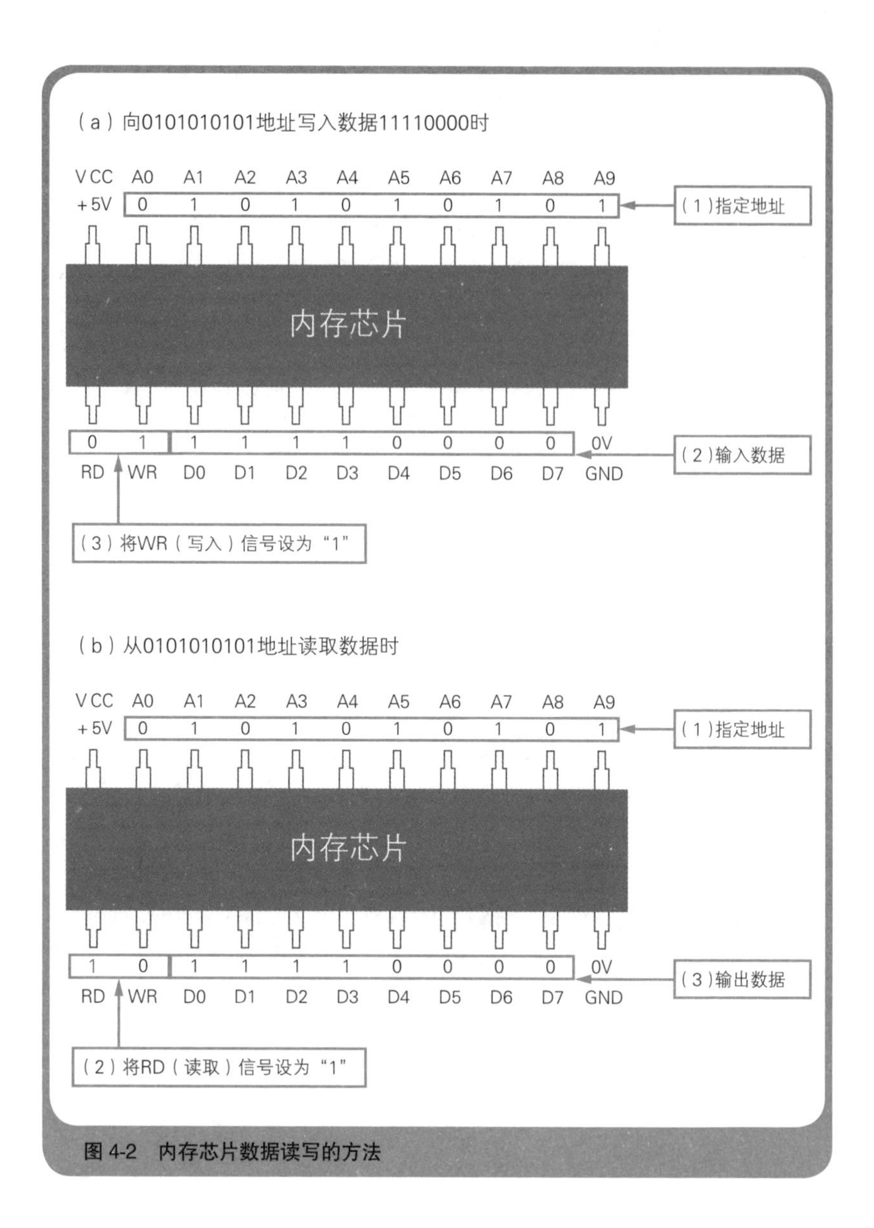

图 4-2　内存芯片数据读写的方法

4.2 内存的逻辑结构像一幢大楼

很多讲编程的书会用类似于一幢大楼的图来表示内存。在这幢“大楼”中，每一层都可以存储 1 字节的数据，楼层编号就是地址。这种图示对于程序员想象内存的结构很有帮助。

尽管内存的本质是内存芯片，但从程序员的角度来看，还是将它想象成一幢每层都能存储数据的大楼比较好。程序员并不需要关心内存芯片的电源和控制信号。在接下来的讲解中，我们也会使用形似大楼（或其变形）的图示，比如 1 KB 的内存就可以像**图 4-3** 这样用 1024 层的“大楼”来表示（这张图中地址的值是从上往下递增的，也有一些图是相反的情况）。

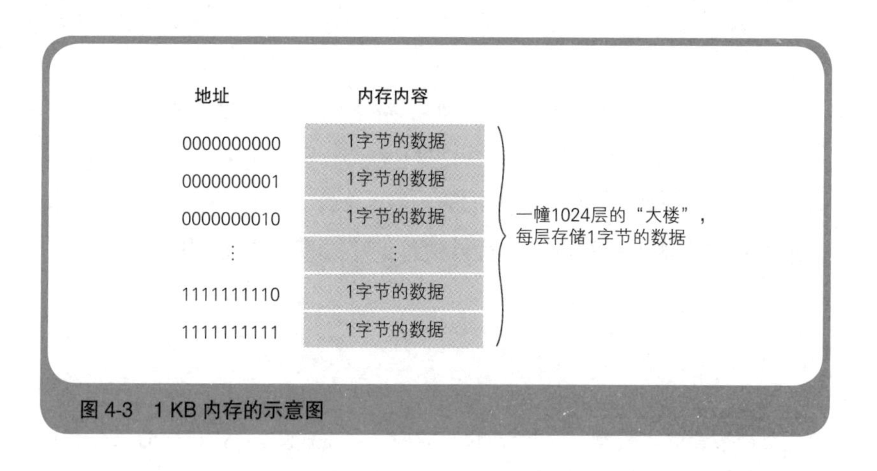

图 4-3　1 KB 内存的示意图

但是，程序员眼中的内存有一个物理上的内存所不存在的概念，那就是数据类型。在编程语言中，**数据类型**代表要存储哪一类数据，以及该数据在内存中占多少空间（大楼的层数）。从物理上说，内存是以 1 字节为单位读写数据的，但在程序中，我们通过指定类型（变量的数据类型），就可以以特定的字节数为单位来读写数据。

我们看一个具体的例子。请看**代码清单 4-1**。这是一段将 *a*、*b*、*c* 这 3 个变量赋值为 123 的 C 语言程序。这 3 个变量分别代表一块特定的内存空间。通过使用变量，我们就可以在不指定物理地址的情况下在程序中完成内存的读写。Windows 等操作系统会在程序运行时为变量分配物理内存地址。

代码清单 4-1 变量的不同类型

```
// 变量声明
char a;
short b;
long c;

// 写入数据
a = 123;
b = 123;
c = 123;
```

这 3 个变量的数据类型分别为长度为 1 字节的 char 型、长度为 2 字节的 short 型，以及长度为 4 字节的 long 型[①]。因此，同样是 123 这个数，赋值给不同的变量之后占用的内存空间大小也不同。在这里，我们采用将数据的低位存放在内存低地址的**小端序**[②]方式（**图 4-4**）。

① 在 C 语言中，int 型也是很常用的数据类型。int 型是一种对 CPU 来说长度最容易处理的类型。32 位 CPU 的 C 语言，其 int 型是 32 位的，曾经在 16 位 CPU 上使用的 C 语言，其 int 型是 16 位的。

② 对于占用多个字节的数据，将数据的低位存放在内存低地址的方式称为“小端序”（little endian）。与之相对，将数据的高位存放在内存低地址的方式称为“大端序”（big endian）。本章中的图示均采用 Intel 架构 CPU 所使用的小端序方式。

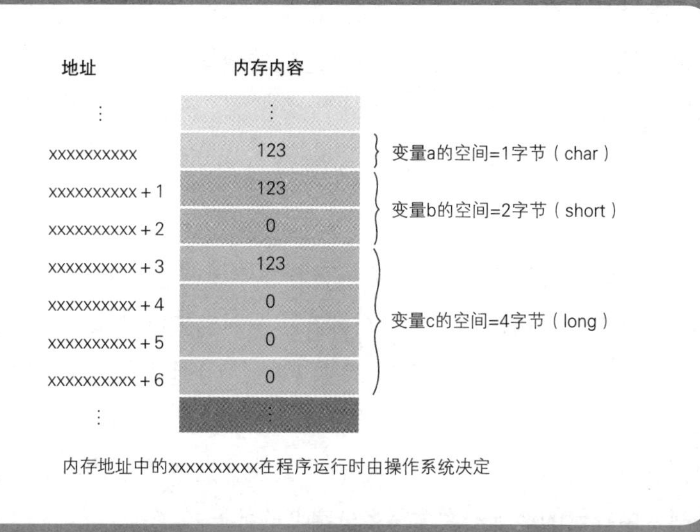

图 4-4　不同数据类型的变量占用的内存大小不同

仔细思考一下就会发现，在程序中通过指定变量的数据类型就可以改变读写物理内存的单位长度，确实非常方便。如果程序只能一个一个字节来读写内存，那一定非常麻烦，如果要处理的数据超过 1 字节，我们就必须编写额外的程序对其进行分割处理。至于一个变量的数据类型最大为多少字节，各种编程语言会有所不同。一般来说，在 C 语言中，8 字节（=64 比特）的 double 型是最大的。

4.3　指针其实很简单

首先来介绍一下指针。指针是 C 语言的一大特性，很多人说它难，甚至有人因为理解不了指针而放弃了 C 语言的学习。但是，各位如果仔细读完了之前的讲解，一定能够轻松地理解指针。理解指针的关键也在于数据类型这一概念。

指针是一种变量，它不存储数据本身的值，而是存储数据所在的内存地址。使用指针可以读写任意地址的数据。在我们前面展示的假想内存芯片中，地址信号用 10 比特来表示，而在大家一般所使用的 PC 上运行的程序大多是使用 32 比特（4 字节）来表示内存地址的，这时指针变量的长度就是 32 位。

请看**代码清单 4-2**，这段 C 语言程序中声明[①]了 *d*、*e*、*f* 这 3 个指针。和通常的变量声明不同，指针在声明时需要在变量名前面加上一个星号（*）。*d*、*e*、*f* 都是存储 32 位（4 字节）地址的变量，但它们却被声明为 char（1 字节）、short（2 字节）和 long（4 字节）这 3 种不同的数据类型，让人觉得有点不可思议。其实，这些数据类型所代表的是**从指针中存储的地址一次读写多少字节的数据**。

代码清单 4-2　声明为各种类型的指针

```
char *d;        // 声明 char 型指针 d
short *e;       // 声明 short 型指针 e
long *f;        // 声明 long 型指针 f
```

我们假设 *d*、*e*、*f* 中的值都是 100。此时，使用指针 *d* 可以在地址 100 处读写 1 字节的数据，使用指针 *e* 可以在地址 100 处读写 2 字节（地址 100 和 101）的数据，使用指针 *f* 则可以在地址 100 处读写 4 字节（地址 100～103）的数据。怎么样，指针是不是很简单呢？（**图 4-5**）

① 在程序中明确标注变量数据类型的语句称为变量声明。例如，“short a;”这条语句就声明了一个 2 字节的 short 型变量 a。变量只有声明之后才能够读写。

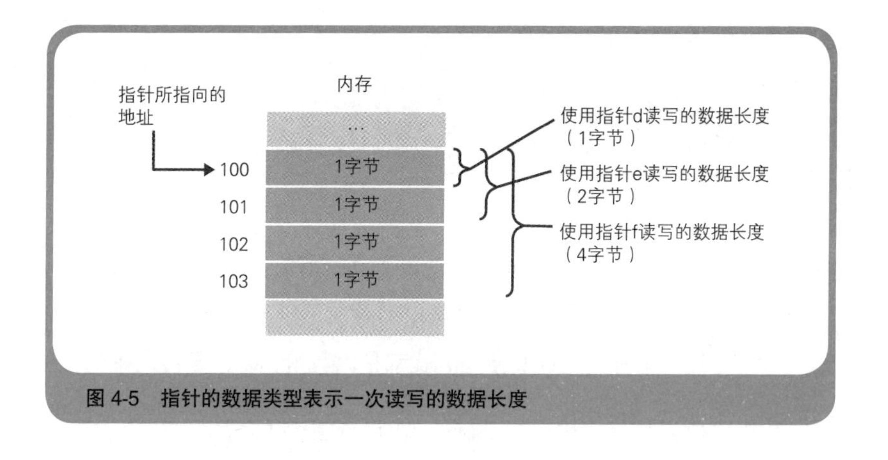

图 4-5 指针的数据类型表示一次读写的数据长度

4.4 用好内存先从数组开始

刚才的内容有点偏离主题了，现在我们回到正题。本章的标题是“让内存化方为圆”，在让内存变圆之前，笔者先来讲一讲内存最原本的使用方法。为此，我们需要用到数组。

数组是将相同数据类型（长度）的多个数据连续排列在内存中的一个元素序列。其中每个数据就是数组的元素，元素通过顺序编号来进行区分，这个编号称为**下标**。通过下标可以读写相应的内存空间[①]。将下标转换成实际内存地址的操作是由编译器自动完成的。

代码清单 4-3 展示了 C 语言中对 char 型、short 型、long 型 3 个数组的声明，其中 [100] 表示数组的元素数量为 100 个。C 语言中数组的下标是从 0 开始的，因此 char g[100]; 表示可以使用的元素为 g[0]～g[99]，共 100 个。

① 关于 CPU 使用基址寄存器和变址寄存器指定内存地址的原理，请参见第 1 章的内容。

代码清单 4-3　各种类型数组的声明

```
char g[100];                // 声明 char 型数组 g
short h[100];               // 声明 short 型数组 h
long i[100];                // 声明 long 型数组 i
```

声明数组时所指定的类型也代表了对内存读写一次的长度。char 型数组以 1 字节为单位，short 型数组以 2 字节为单位，long 型数组以 4 字节为单位对内存进行读写。数组是使用内存的基础。本章后半部分会介绍内存的各种使用方式，这些使用方式都是以数组为基础发展出来的。

数组之所以是使用内存的基础，是因为它反映的就是内存的物理结构本身。特别是 1 字节型的数组，和内存的物理结构完全一致。但是，如果只能以 1 字节为单位来进行读写的话，程序编写起来会非常麻烦，因此才提供了通过指定数据类型来声明数组的功能，这有点像将每个部门只占一层的大楼结构改造成每个部门占多层的结构（图 4-6）。

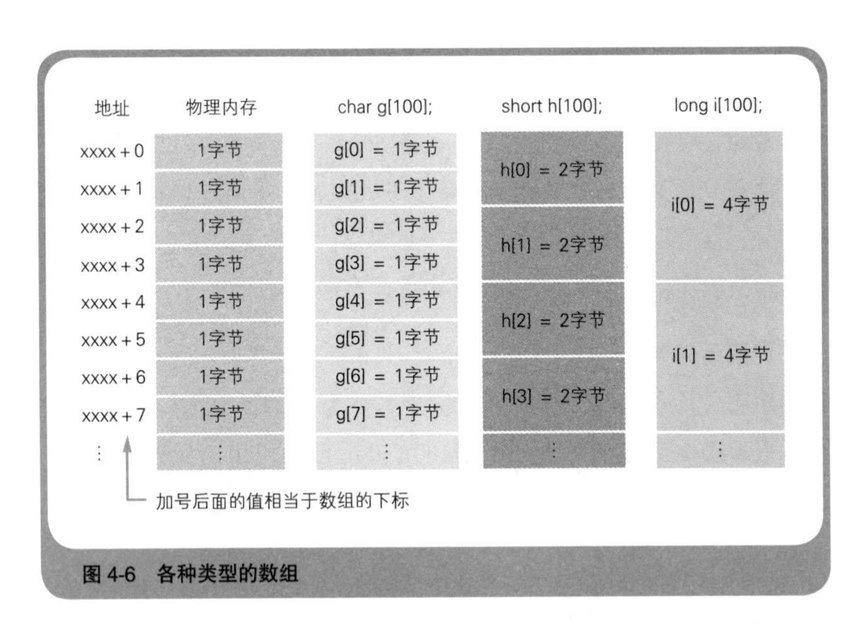

图 4-6　各种类型的数组

使用数组可以提高编程效率。在循环[1]中使用数组可以用很短的代码按顺序读取或写入数组元素。不过，仅通过指定下标来访问数组元素，这种用法和对内存进行物理读写大同小异。在很多程序中，对数组的使用是非常巧妙的。下面笔者将介绍栈、队列、链表、二叉查找树等数组的变形结构。对一个能独当一面的程序员来说，这些都是必知必会的内容。

4.5 栈与队列，以及环形缓冲区

栈[2]和**队列**都是无须指定地址和下标就可以对数组元素进行读写的结构。在需要临时保存计算中间结果或计算机外部设备的输入输出数据时，经常会以这些方式来使用内存。为了保存临时数据，每次都指定地址和下标非常麻烦，因此人们才设计了这些方式加以改善。

栈和队列的区别在于数据的出入顺序。在对内存进行读写时，栈采用的是 LIFO（Last In First Out，后进先出）方式，而队列采用的是 FIFO（First In First Out，先进先出）方式。事先在内存中预留栈和队列所需要的空间，并确定数据的读写顺序，就不需要指定地址和下标了。

要在程序中实现栈和队列，需要先声明一个包含若干元素的数组用来存放数据，然后编写用于读写元素的函数。当然，这些函数会在内部对下标进行管理，以便读写数组，但从使用函数的角度来说，我们就不需要考虑数组和下标了。

① 循环（loop）就是多次重复执行同一个操作。

② 这里所说的栈不是第 1 章、第 10 章中提到的函数调用中所使用的栈空间，而是程序员任意生成的以 LIFO 形式来存储数据的空间（其本质是数组）。

假设我们已经编写了这样一些函数：将数据写入栈的函数 Push、从栈中读取数据的函数 Pop[①]、将数据写入队列的函数 EnQueue、从队列读取数据的函数 DeQueue[②]。Push 和 Pop，以及 EnQueue 和 DeQueue 都是成对使用的。Push 和 EnQueue 需要在参数中指定要写入的数据，Pop 和 DeQueue 会将读取的数据作为返回值返回。使用这些函数就可以临时保存（写入）数据，然后在需要的时候读取出来（**代码清单 4-4**、**代码清单 4-5**）。

代码清单 4-4　使用栈的程序

```
// 栈的写入
Push(123);              // 123 入栈
Push(456);              // 456 入栈
Push(789);              // 789 入栈

// 栈的读取
j = Pop();              // 789 出栈
k = Pop();              // 456 出栈
l = Pop();              // 123 出栈
```

代码清单 4-5　使用队列的程序

```
// 队列的写入
EnQueue(123);           // 123 入队
EnQueue(456);           // 456 入队
EnQueue(789);           // 789 入队

// 队列的读取
m = DeQueue();          // 123 出队
n = DeQueue();          // 456 出队
o = DeQueue();          // 789 出队
```

① 为了以 LIFO 方式对数组进行读写，这里假设程序员已经编写好了相应的 Push 函数和 Pop 函数。

② 一般我们会把向栈中写入数据的操作称为推入（push），将从栈中读取数据的操作称为弹出（pop），将把数据写入队列中的操作称为入队（enqueue），将从队列中读取数据的操作称为出队（dequeue），这些函数名表示的正是相应的含义。

尽管没有展示数组的内容及 Push、Pop、EnQueue、DeQueue 这些函数的内部代码，但笔者还是希望大家对栈和队列是如何使用内存的有一个大致的了解。

栈是以 **LIFO 方式**读写数据的。顾名思义，最后一个被放进栈中的数据（Last In）会先被读取出来（First Out）。运行代码清单 4-4 的程序，数据会按照 123、456、789 的顺序入栈，然后按照 789、456、123 的顺序出栈（**图 4-7**）。

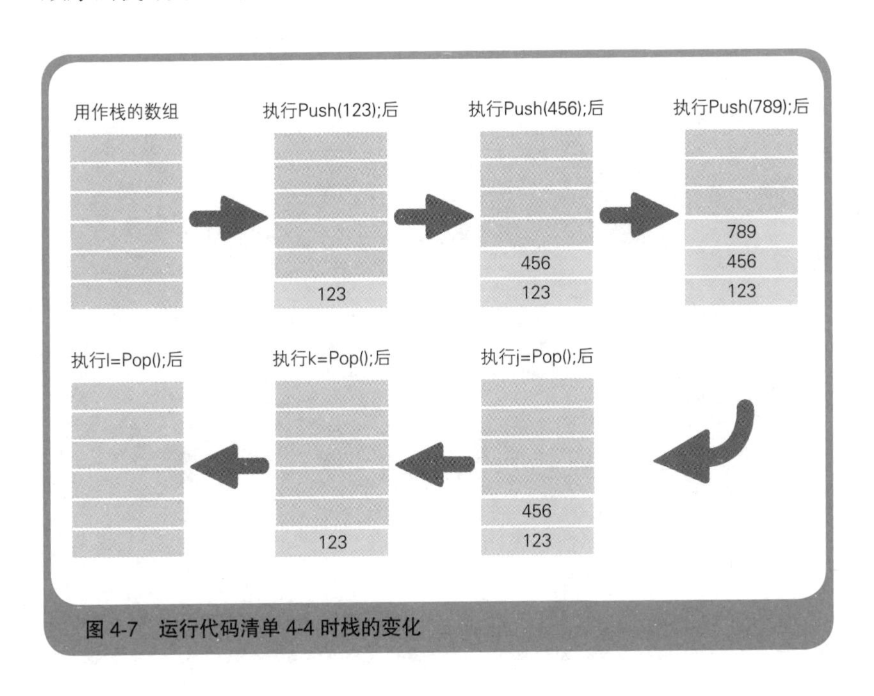

图 4-7 运行代码清单 4-4 时栈的变化

栈的英文是 stack，原意为干草堆。当我们把干草一捆一捆堆起来的时候，从上面先拿下来的干草就是最后堆上去的那捆。干草堆的功能是临时储存家畜的饲料，在程序中，出于临时保存数据的目的，也会使用相同的结构，而栈就是这种结构在内存中的实现方式。需要将数据临时保存起来，稍后再恢复的时候，就可以使用栈。栈还可以用于需要反转输入数据顺序的情况，因为当以 123、456 的顺序存入数据时，取出的顺序就变成了相反的 456、123。

与之相对，队列是以 **FIFO 方式**读写数据的。顾名思义，第一个被放进队列中的数据（First In）会先被读取出来（First Out）。运行代码清单 4-5 的程序，数据会按照 123、456、789 的顺序入栈，然后按照 123、456、789 的顺序出栈（**图 4-8**）。

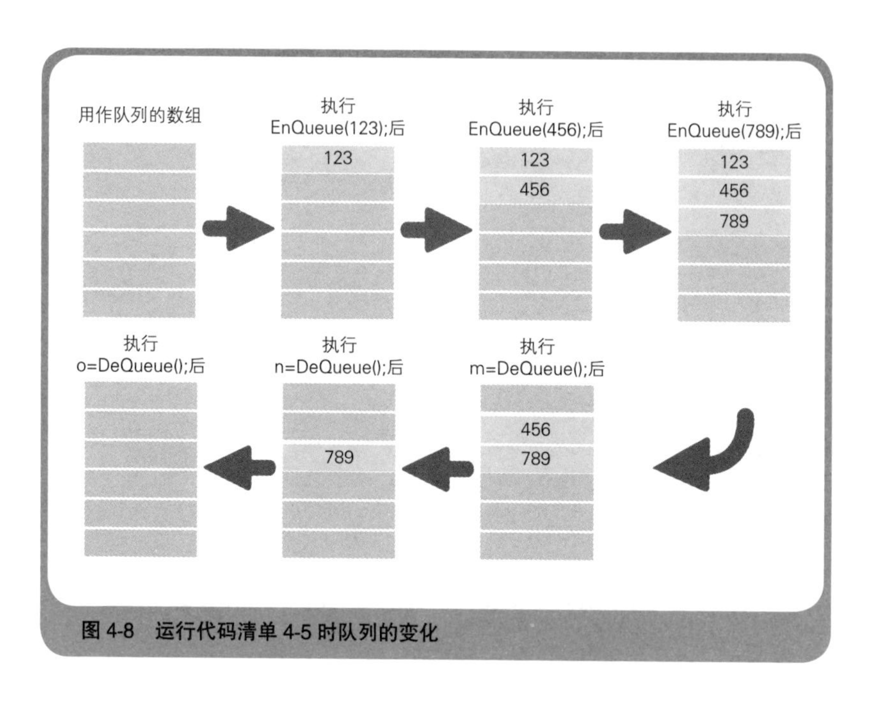

图 4-8　运行代码清单 4-5 时队列的变化

队列的英文是 queue，就是**排队**的意思，就像我们乘车时在自动售票机前排队买票的队列。在排队时，先进入队列的人会先买到票离开。由于买票的人到来的时机是不确定的，所以当自动售票机来不及处理时，就需要队列来充当缓冲（buffer）机制。在程序中，使用这样的结构来调整数据输入和处理之间的时间差会非常方便，而队列就是这种结构在内存中的实现方式。在处理通信中接收到的数据或同时运行的多个程序产生的数据时，就可以将这些不定期产生的数据存放到队列中，然后逐个进行处理。

队列通常会以**环形缓冲区**（ring buffer）的形式使用。这也就是本章标题“让内存化方为圆（环形）”的含义了。假设我们用一个包含 6 个元素的数组来实现一个队列。数据会按顺序从数组开头存放进来，并按照存放的顺序取出。当数据存放到数组的末尾时，下一个数据就会回到数组开头进行存放（此时数组开头原本存放的数据已被取出，因此这个位置是空的）。通过这样的方式，数组的末尾和开头就连接在了一起，从而实现了一种可以循环存放和取出数据的结构（**图 4-9**）。

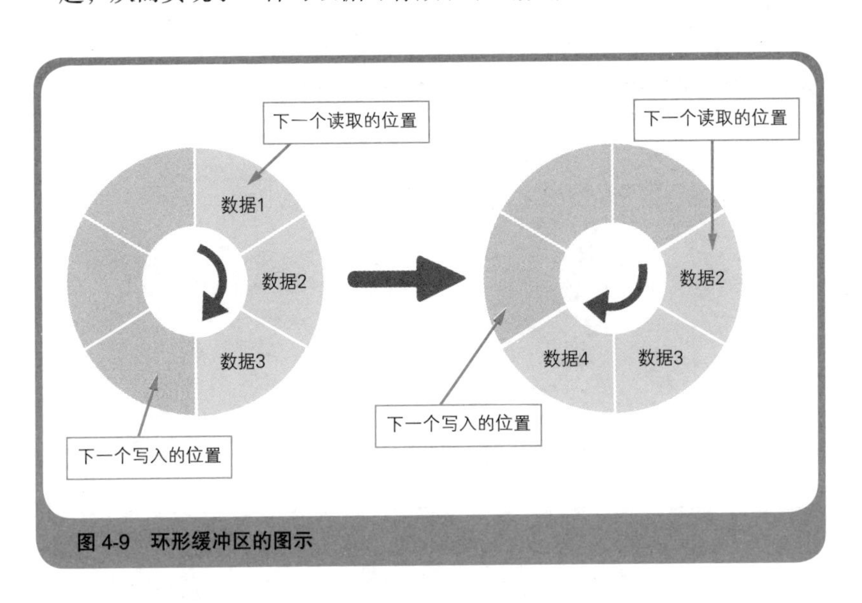

图 4-9　环形缓冲区的图示

4.6 在链表中添加和删除元素很容易

接下来要介绍的链表和二叉查找树都是不按下标顺序对数组进行读写操作的数据结构。使用链表可以高效地向数组中添加和删除数据（元素）。使用二叉查找树可以高效查找数组中存放的数据。

链表的实现方式是对于数组中的每个元素，不仅保存它的值，还要额外保存其下一个元素的下标。也就是说，数据的值和下一个元素的下标合在一起形成了数组的一个元素。这样，数组的元素就像项链一样被串了起来，从而形成链表。链表的末尾元素后面没有其他元素了，因此下一个元素的下标可以设为一个不存在的值（示例中是 -1）（图 4-10）。

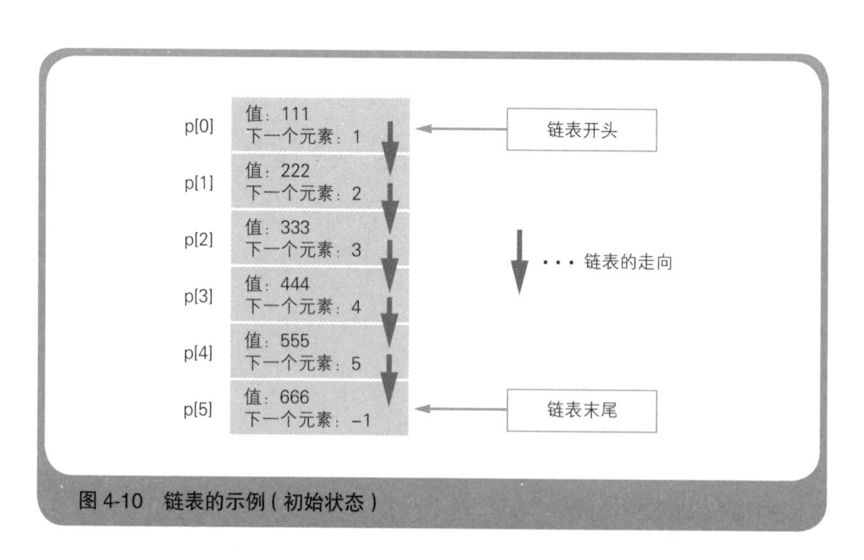

图 4-10 链表的示例（初始状态）

数据的添加和删除才是链表真正发挥威力的地方。我们先来看看如何删除数据。假设我们要将图 4-10 所示链表中的正数第 3 个数据删除，此时只要将第 2 个数据中的“下一个元素：2”修改成“下一个元素：3”即可。在一般的数组中，元素的顺序取决于下标的顺序，但在链表中我们访问某个元素后，会根据该元素的下标信息来找到下一个元素。因此，如果第 2 个元素的下一个元素改成了第 4 个元素，从结果上看就相当于删除了第 3 个元素。尽管从物理上看，第 3 个元素依然保留在内存中，但从逻辑上看，它已经从链表中删除了（图 4-11）。

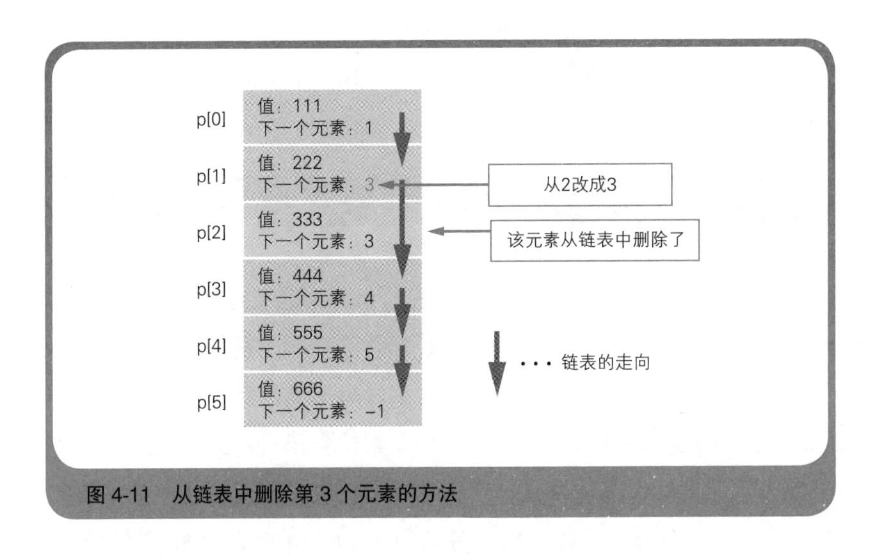

图 4-11 从链表中删除第 3 个元素的方法

接下来我们看看如何向链表中添加元素。假设我们要在图 4-10 所示链表的正数第 5 个位置添加一个新元素，此时首先需要将新的数据存放到之前删除的第 3 个元素的位置，然后将第 4 个元素的“下一个元素：5”改成“下一个元素：2”，最后将新添加的元素的下标设置为“下一个元素：5”。尽管新添加的元素在物理上处于第 3 个位置，但在逻辑上它处于第 5 个位置（图 4-12）。

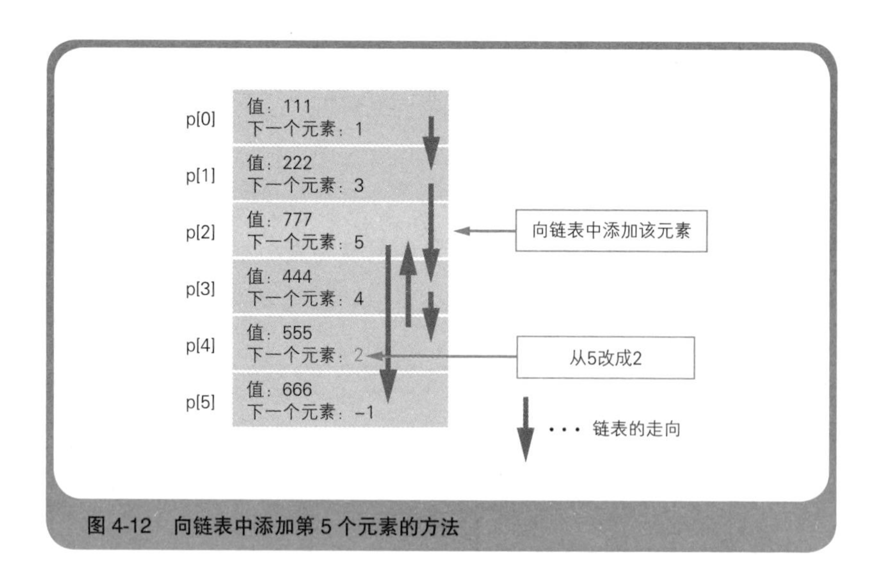

图 4-12 向链表中添加第 5 个元素的方法

如果不使用链表而是使用一般的数组，当需要删除中间的元素，或是需要在中间添加元素时，就需要移动其后面的所有元素。在这个例子中，数组只有 6 个元素，所以这么做也不会消耗很多时间，但实际的程序往往需要对包含成千上万个元素的数组进行频繁的添加和删除操作，如果每次都需要移动几千几万个元素，速度再快的计算机操作起来也会十分耗时（**图 4-13**、**图 4-14**），而使用链表添加和删除元素就非常节省时间。

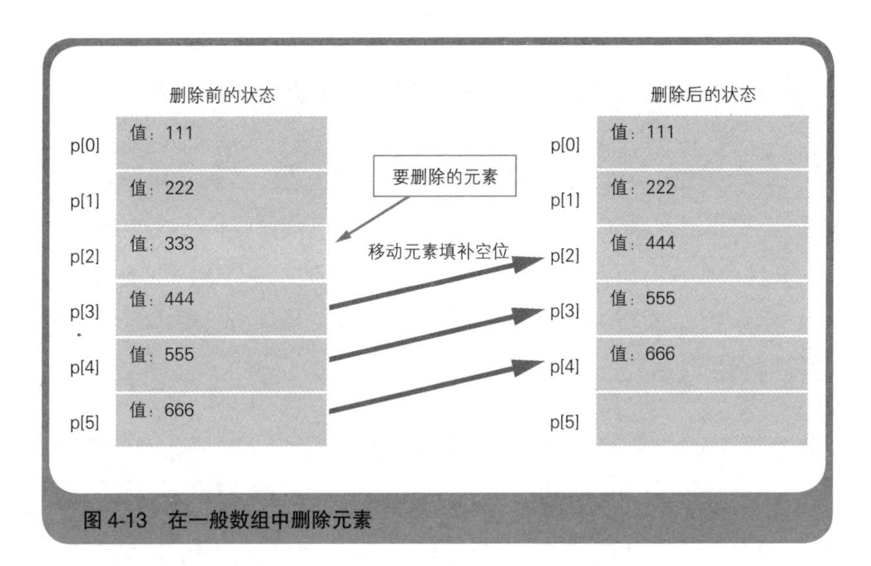

图 4-13 在一般数组中删除元素

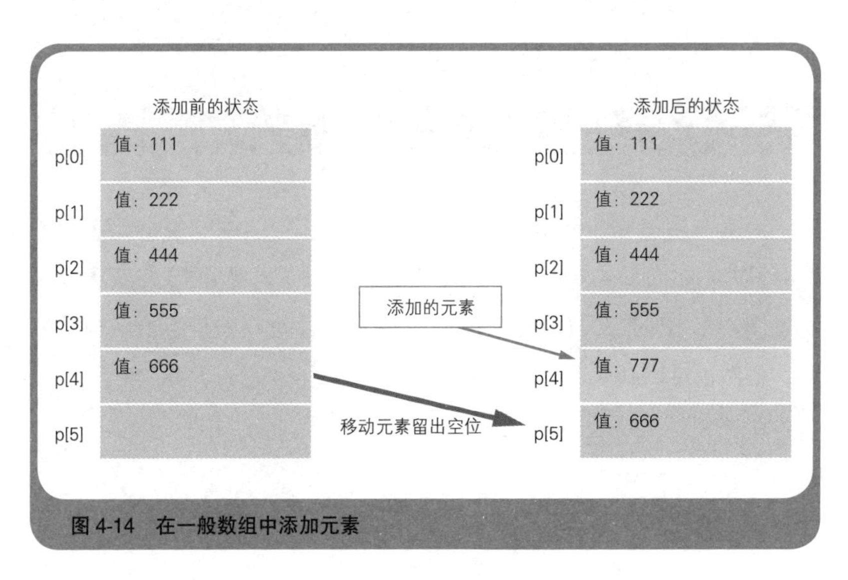

图 4-14 在一般数组中添加元素

4.7 用二叉查找树高效地查找数据

二叉查找树[①] 在链表的基础上做进一步的扩展，当向数组中添加元素时，根据其大小关系向左右两个方向分支。假设我们先在数组中存入 50 这个数，后面存入的数如果比它大就放在右边，比它小就放在左边。实际的内存当然不可能向两个方向分支，这是通过程序在逻辑上实现的（图 4-15）。

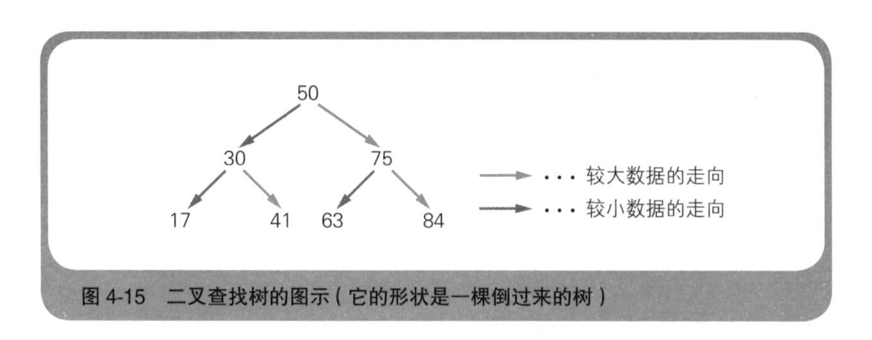

图 4-15 二叉查找树的图示（它的形状是一棵倒过来的树）

大家知道怎样才能实现二叉查找树吗？让数组中的每个元素除了保存其本身的值，再额外保存两个下标就可以了。**图 4-16** 是使用数组实现图 4-15 中的二叉查找树的一个示例。二叉查找树是链表结构的扩展，自然也可以高效地添加和删除元素。

① 树（tree）指的是一种像树木一样分支的数据结构，二叉查找树是树形数据结构的一种。

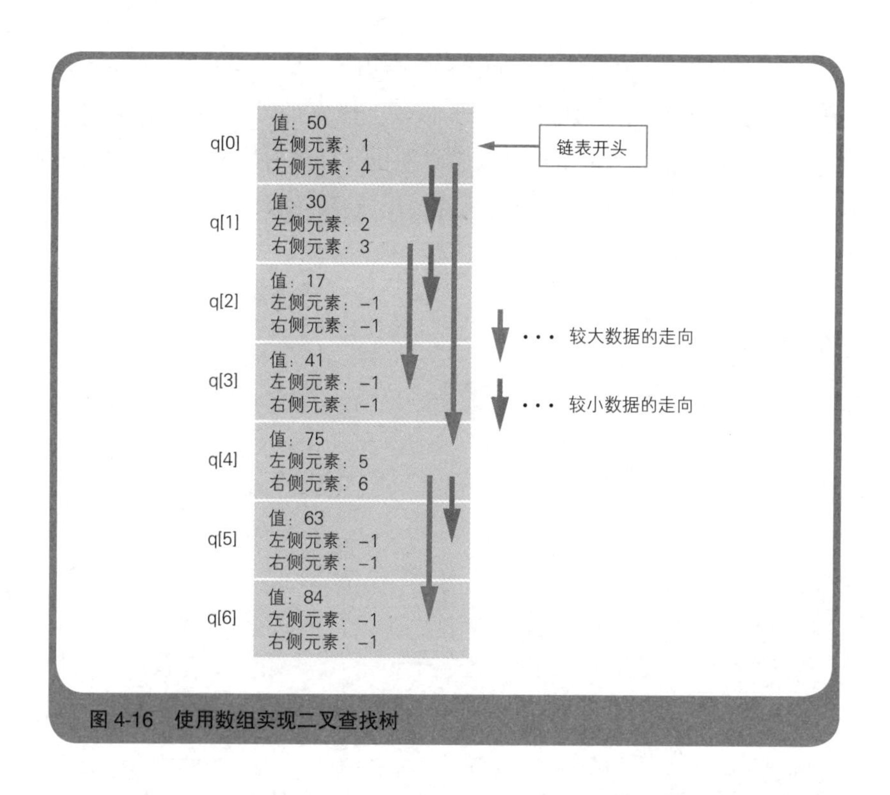

图 4-16 使用数组实现二叉查找树

二叉查找树的方便之处在于它可以高效地查找数据。如果使用一般的数组，我们必须从头开始按照下标顺序逐个访问元素才能找到目标数据。而在使用二叉查找树的情况下，如果目标数据比当前访问的数据小就往左侧找，比当前访问的数据大就往右侧找，由此可以快速找到目标数据。

相信大家已经明白，只要巧妙地编写程序，就能够将原本是方形的内存变成圆形、“干草堆”，也能将其变成项链或树的形状。当然，大家也要理解这么做的目的。不要忘记数组是所有数据结构的基础。

在下一章中，笔者将介绍和内存一样用于存储数据的磁盘（主要是硬盘）。磁盘在物理上只能以扇区为单位进行读写，但通过程序的巧妙设计，它也可以以各种不同的形态来使用。此外，笔者也会介绍将磁盘用作内存的虚拟内存，以及将内存用作硬盘的固态硬盘。

第 5 章

内存与磁盘的密切联系

热身准备

进入正题之前，我为大家准备了一些热身问题，大家可以看看自己是否能够准确回答。

1. 存储程序（stored program）方式是什么？
2. 使用内存来提高磁盘访问速度的机制叫什么？
3. 将磁盘的一部分模拟成内存来使用的机制叫什么？
4. 在 Windows 中，包含函数和数据，在程序运行时进行动态链接的文件叫什么？
5. 将函数静态链接到 EXE 文件中的过程叫什么？
6. 在 PC 中，硬盘的 1 个扇区大小一般为多少字节？

怎么样？有些问题是不是无法简单回答出来呢？下面给出笔者的答案和解析供大家参考。

答案

1. 将程序存放在存储器中并依次执行的方式
2. 磁盘缓存
3. 虚拟内存（virtual memory）
4. DLL（DLL 文件）
5. 静态链接（static link）
6. 512 字节

解析

1. 现在的计算机基本上采用的是存储程序方式。
2. 磁盘缓存指将从磁盘中读取的数据暂时保存在内存中，当需要再次读取相同的数据时，就可以不访问磁盘，而是直接从内存中快速读取。
3. 虚拟内存可以让内存容量小的计算机运行大型程序。
4. DLL 是 Dynamic Link Library（动态链接库）的缩写。
5. 函数的链接方式分为静态链接和动态链接两种。
6. 扇区（sector）是磁盘的物理存储单位。

本章要点

从存储程序指令和数据的角度来看，可以说内存和磁盘的功能是一样的。在计算机的五大部件[①]中，内存和磁盘都属于存储器。但是，利用电流实现存储的内存和利用磁实现存储的磁盘还是有所不同的。在存储容量相同的前提下，内存速度快但价格贵，磁盘速度慢但价格便宜。

大家近两年购买的计算机多数配备了 16 GB 的内存和 512 GB 的磁盘，至少 8 GB 的内存和 256 GB 的磁盘。在计算机系统中，速度快、容量小的内存和速度慢、容量大的磁盘取长补短，相互配合完成工作。本章中，我们将了解一下内存与磁盘之间的密切联系。在下面的内容中，内存指主存（用于存储由 CPU 执行的程序指令和处理的数据的存储器），磁盘主要指硬盘。

5.1 程序加载到内存后才能运行

首先，在考虑内存与磁盘的关系时，我们要先明确一个大前提。

想必大家知道，程序要先存储在存储器中，然后才被依次读取执行。这种方式称为**存储程序方式，**现在看起来这好像是理所当然的事情，但其实在提出的时候是一种划时代的方案，因为在此之前，计算机只有通过重新连接线路才能修改程序。

计算机中的存储器包括内存和磁盘。存储在磁盘中的程序需要先加载到内存才能运行，不能在磁盘上直接运行。这是因为 CPU 在对程序内容进行解释和运行时，是通过其内部的程序计数器指定内存地址

① 输入设备、输出设备、存储器、运算器和控制器一般称为计算机的五大部件。

来读取程序的[①]。即便 CPU 能够直接读取并运行磁盘上的程序，由于磁盘读取速度慢，所以程序的运行速度也会很慢。存储在磁盘中的程序需要先加载到内存后才能运行，这是我们在思考内存与磁盘的关系时必须明确的大前提（图 5-1）。

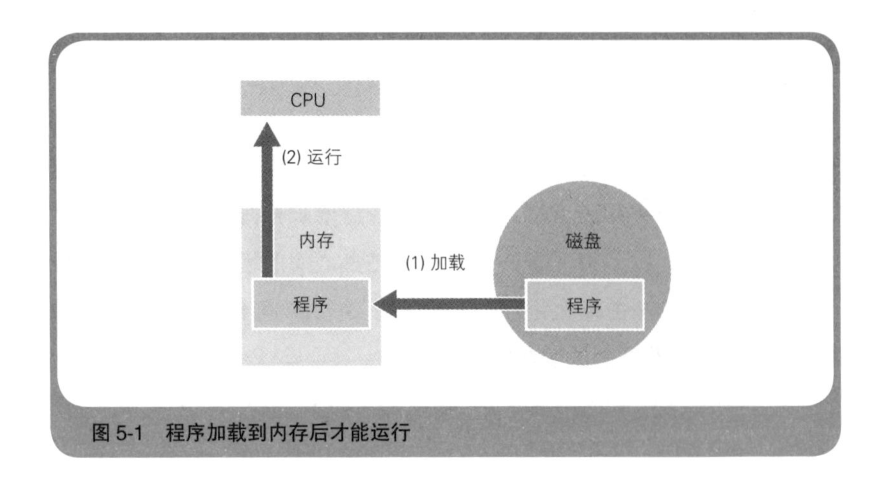

图 5-1　程序加载到内存后才能运行

在这个大前提的基础上，内存和磁盘之间有一些密切的联系。接下来笔者就来逐一介绍。

5.2　提高磁盘访问速度的磁盘缓存

第一个体现内存与磁盘密切联系的例子就是磁盘缓存。**磁盘缓存**[②]是一块内存空间，用于临时存放从磁盘读取出来的数据。下次需要读取相同的数据时，就不需要实际访问磁盘，而是从磁盘缓存中读取数据就可以了。有了磁盘缓存，就能够提高磁盘数据的访问速度了（图 5-2）。

① 详见第 1 章。

② 磁盘缓存的“缓存”，英文是 cache，原意为藏东西的地方、仓库。

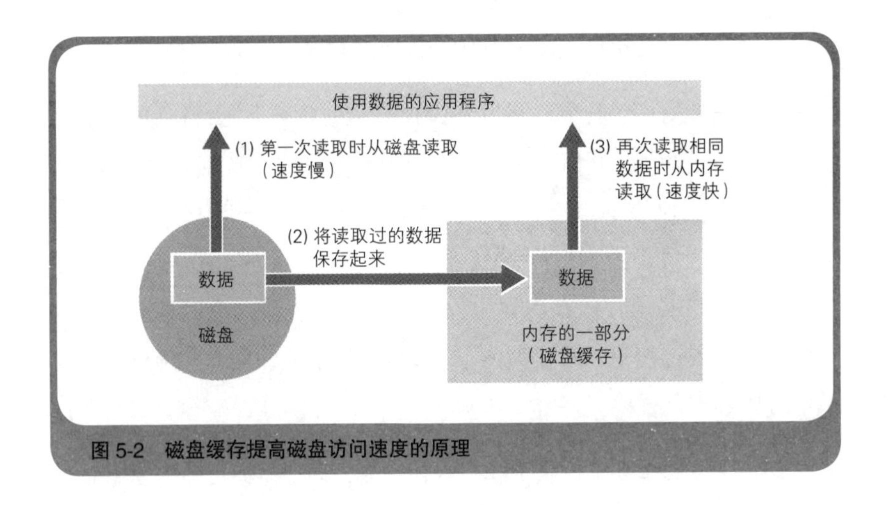

图 5-2 磁盘缓存提高磁盘访问速度的原理

Windows 操作系统提供了磁盘缓存功能，但是对一般用户来说，磁盘缓存能发挥显著效果的时代只延续到了 Windows 95/98。现在，磁盘缓存对于提高磁盘访问速度已经没有太大效果了。

将低速设备中的数据保存在高速设备中，当需要相同数据时直接从高速设备中读取，这样的设计就叫作**缓存**。这种设计在其他地方也有使用，浏览器就是一个例子。浏览器需要通过网络从远程 Web 服务器上获取数据并进行显示，因此在显示尺寸较大的图片等资源时，会耗费很多时间。于是，浏览器就可以将获取的数据保存在磁盘上，后面需要相同的数据时，直接显示磁盘上保存的数据就可以了。这种设计其实就是将低速的网络数据保存在相对高速的磁盘中。

5.3 将磁盘当成内存使用的虚拟内存

体现内存与磁盘密切联系的第二个例子就是虚拟内存。**虚拟内存**是将磁盘的一部分模拟成内存来使用的机制。磁盘缓存是将内存看成虚拟的磁盘，与之相对，虚拟内存是将磁盘看成虚拟的内存。

有了虚拟内存，我们就可以在内存不足的状态下运行程序。例如，在剩余内存空间为 50 MB 的情况下可以运行 100 MB 的程序。但是，正如笔者开头所讲的那样，CPU 只能运行已经加载到内存中的程序，因此，即使通过虚拟内存用磁盘来代替内存使用，实际运行的程序部分在运行时也必须存放在内存中。于是，为了实现虚拟内存，就需要在运行程序的过程中，对实际内存（**物理内存**）和磁盘上的虚拟内存中的部分内容进行置换。

Windows 操作系统提供了虚拟内存功能，即便是在目前的 Windows 版本中，虚拟内存依然可以发挥出较大的效果。虚拟内存的实现方式分为**分页式**和**分段式**[①]，Windows 采用的是分页式。在这种方式中，要运行的程序无论结构如何，都会被划分成一定大小的“页面”，并以页面为单位在内存和磁盘之间进行置换。在分页式中，将磁盘中的内容读入内存称为页面换入（page in），将内存中的内容写入磁盘称为页面换出（page out）。一般来说，PC 中页面的大小为 4 KB，大的程序会被分割成多个大小为 4 KB 的页面，并以页面为单位存放在磁盘（虚拟内存）或内存中（**图 5-3**）。

① 在分段式虚拟内存中，操作系统会以处理集合或数据集合为单位把要运行的程序划分成段，并以段为单位在内存和磁盘之间进行置换。

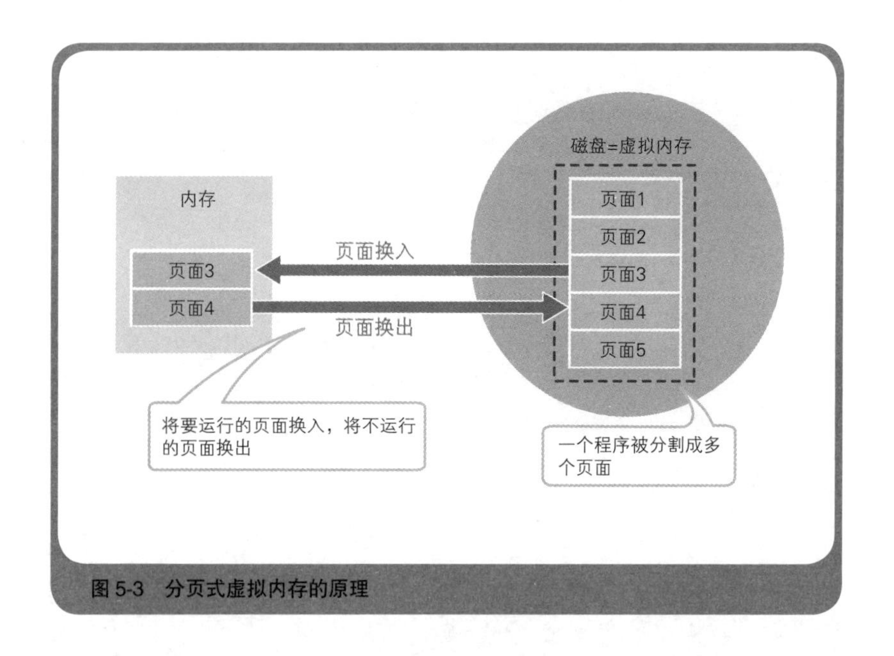

图 5-3 分页式虚拟内存的原理

在 Windows 中，为了实现虚拟内存，需要在磁盘上生成一个虚拟内存文件（**页面文件**）。这个文件是由 Windows 自动生成和管理的。文件的大小，即虚拟内存的大小，一般是物理内存大小的 1～2 倍。我们可以在 Windows 的控制面板中查看和修改当前虚拟内存的设置。

下面我们就来查看一下虚拟内存的设置。打开"控制面板"→"系统和安全"→"系统"→"高级系统设置"，在弹出的"系统属性"窗口中点击"高级"选项卡，再点击其中"性能"项目中的设置按钮，就会打开"性能选项"窗口。点击其中的"高级"选项卡，此时页面就会显示当前虚拟内存所使用的页面文件大小。笔者的计算机上安装了 8 GB 的内存，当前的页面文件大小为 1280 MB ≈ 1.2 GB（**图 5-4**）。

图 5-4 查看虚拟内存设置

5.4 将内存当成磁盘使用的固态硬盘

体现内存与磁盘密切联系的最后一个例子就是**固态硬盘**（Solid State Drive, SSD）。固态硬盘是将一种可读写的且断开电源后内容不会丢失的闪存（flash memory）作为硬盘来使用的产品。固态硬盘的本质是内存[①]，但从用户的角度来看它就是一块硬盘。USB 驱动器、SD 卡等也是用闪存来存储的设备。

和机械硬盘相比，固态硬盘具有速度快、能耗低、无噪声、耐冲

① 此处的“内存”并非指“内存储器”，而是一种半导体存储器。——译者注

击、重量轻等优点。但是，它比同等容量的机械硬盘价格更贵，因此计算机中很难配备大容量的固态硬盘。有很多笔记本计算机中使用固态硬盘来替代机械硬盘，但在台式计算机中，即使使用固态硬盘，一般也是将其与机械硬盘搭配起来使用。

5.5 节约内存的编程技巧

基于 GUI（Graphical User Interface，图形用户界面）[①] 的 Windows 可以说是一个巨大的操作系统。作为 Windows 前身的 MS-DOS 操作系统，其早期版本只需要 128 KB 的内存就可以工作，但要想流畅地使用 Windows，至少也需要 2 GB 的内存。而且，由于 Windows 具备多任务功能，在巨大的 Windows 中，还要同时运行多个应用程序，所以有时候即便有 2 GB 的内存也无法流畅地运行。Windows 是一个时常被内存不足所困扰的操作系统。

大家可能会认为有了虚拟内存就可以解决内存不足的问题。的确，它可以解决因为内存不足而无法启动应用程序的问题，但是，虚拟内存所产生的的页面换入换出操作都涉及访问低速的磁盘，在这个过程中，应用程序会发生卡顿。当内存容量太小时，在应用程序运行过程中就会看到硬盘访问指示灯长时间亮起（此时正在进行频繁的页面换入和换出操作），这时我们也无法对程序进行操作。因此，虚拟内存并不能彻底解决内存不足的问题。

要彻底解决内存不足的问题，只能增加内存容量，或是缩减应用程序的大小。接下来笔者将介绍两个缩减应用程序大小的编程技巧。

① 像 Windows 这样通过窗口、菜单、图标等视觉元素来进行操作的方式称为 GUI。Windows 的前身 MS-DOS 则是通过键盘输入命令来进行操作的，这样的方式称为 CUI（Character User Interface，字符用户界面）。

至于要不要增加内存容量，那就要问各位的钱包同不同意了。

(1) 通过 DLL 文件共享函数

所谓 **DLL 文件**[①]，顾名思义，就是在程序运行时进行动态链接的库（函数和数据的集合），但除此之外，大家还需要关注一点，那就是多个应用程序可以共享同一个 DLL 文件。这就可以达到节约内存的效果。

假设我们编写了一个用于完成某种操作的函数 MyFunc()，应用程序 A 和应用程序 B 都需要使用这个函数。如果在每个应用程序的可执行文件中都嵌入 MyFunc() 函数（这被称为**静态链接**），当两个应用程序同时运行时，内存中就会同时存在两个 MyFunc() 函数。这会降低内存的利用效率，存放两个一模一样的东西是对空间的浪费（**图 5-5**）。

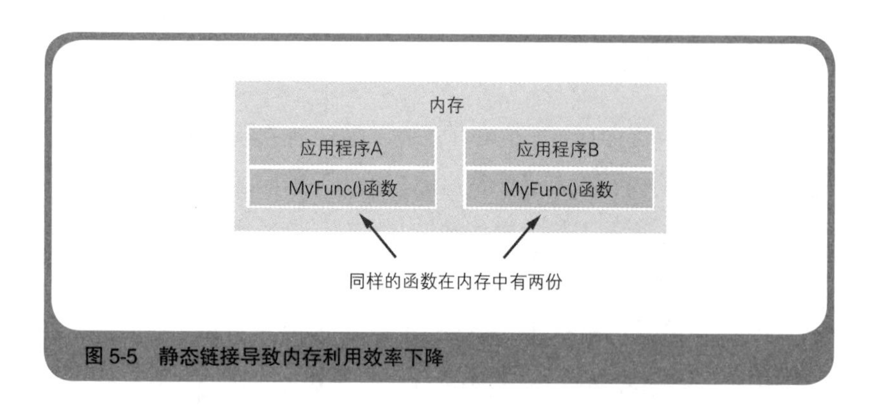

图 5-5 静态链接导致内存利用效率下降

如果我们不将 MyFunc() 函数嵌入到程序的可执行文件（**EXE 文件**[②]）中，而是生成一个独立的 DLL 文件，那么同一个 DLL 文件中的内

① DLL 文件的相关内容会在第 8 章中详细介绍。

② 在 Windows 中，可执行程序的文件扩展名为“.exe”，因此这类文件也称为 EXE 文件。exe 是 executable（可执行）的缩写。此外，DLL 文件的扩展名为“.dll”。

容会被多个运行中的应用程序共享，由此内存中就只有一个 MyFunc() 函数的程序。这样就提高了内存的利用效率（**图 5-6**）。

Windows 操作系统本身就是由很多 DLL 文件构成的集合体。当然，在安装新的应用程序时也会添加一些 DLL 文件。应用程序就是依靠这些 DLL 文件来工作的。之所以使用这么多的 DLL 文件，其中一个原因就是这样做可以节约内存。此外，DLL 文件还有另一个优点，那就是在版本升级时，有时不需要更换 EXE 文件，只要更换 DLL 文件就可以了。

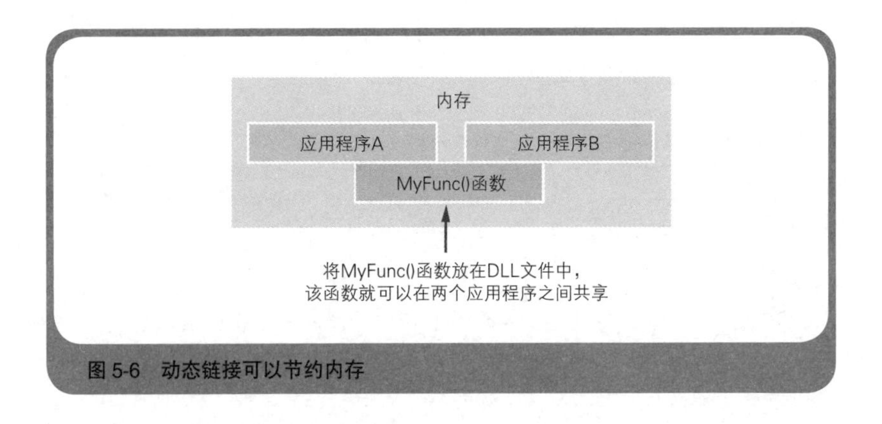

图 5-6　动态链接可以节约内存

(2) 通过 _stdcall 调用缩减程序大小

通过 _stdcall[①] 调用缩小程序大小是 C 语言程序开发中的一种高级技巧。但是，同样的思路应该也适用于其他编程语言，因此请大家务

---

① stdcall 是 standard call（标准调用）的缩写。Windows 提供的 DLL 文件中的函数基本上是 _stdcall，这是为了节约内存。而 C 语言程序中的函数，默认情况下不是 _stdcall，而是 C 语言专用的“C 语言调用”。这是因为 C 语言支持不定长参数（参数数量可以为任意个）的函数，这样一来，被调用的函数不知道参数的数量，无法执行栈清理操作。不过，在 C 语言中，只要是定长参数（参数的个数是固定的）函数，就可以设置为 _stdcall。

必了解一下。

在 C 语言中，调用函数之后需要执行栈清理操作[①]。所谓栈清理操作，就是从内存里用于传递函数参数的栈空间中清理不用的数据。这个指令不需要程序员编写，而是由编译器在编译程序时自动添加的。在默认设置下，编译器会让函数的调用方来执行这一操作。

例如，在**代码清单 5-1** 中，main() 函数调用了 MyFunc() 函数。按照默认设置，栈清理操作应该由 main() 函数来完成。同一个程序中可能会多次调用同一个函数，而同样的函数，其栈清理操作的内容也是相同的。但由于这个操作由函数调用方来完成，所以同样的操作会被执行多次，这会浪费内存空间。

代码清单 5-1　包含函数调用的 C 语言程序示例

```
// 函数调用方
int main()
{
    int a;
    a = MyFunc(123, 456);
}

// 被调用方
int MyFunc(int a, int b)
{
    ...
}
```

至于栈清理操作的内容，我们可以查看编译器生成的机器语言可执行文件的内容来了解，但是机器语言很难看懂，因此笔者准备了汇编语言的代码。**代码清单 5-2** 的内容就是代码清单 5-1 中函数调用部分的汇编语言代码，其中最后一行是栈清理操作。

① 栈清理操作的相关内容也会在第 10 章中介绍。

代码清单 5-2 调用 MyFunc() 部分的程序代码(汇编语言)

```
subl        $8, %esp            ←在栈中分配 8 字节的空间
movl        $456, 4(%esp)       ←让参数 456 入栈
movl        $123, (%esp)        ←让参数 123 入栈
calll       _MyFunc             ←调用 MyFunc()
addl        $8, %esp            ←执行栈清理操作
```

C 语言中是使用栈[1]来传递函数参数的。使用 subl $8, %esp 指令将 esp 寄存器[2]的值减 8,从而为存放两个 int 型(4 字节)参数分配空间。然后使用 movl $456, 4(%esp) 和 movl $123, (%esp) 两条指令将 456 和 123 两个参数存入栈中。接下来使用 calll _MyFunc 指令调用 MyFunc 函数。MyFunc 函数执行完毕之后,存放在栈中的数据就没用了,此时程序会执行 addl $8, %esp 指令,将表示栈顶位置的 esp 寄存器值加 8(即将栈顶位置向上移动 8 字节),从而将栈中的数据删除。栈是需要在各种场景中反复使用的内存空间,因此用完之后需要恢复到原来的状态,这就是栈清理操作。关于汇编语言的语法,笔者会在第 10 章详细介绍,在这里大家只要有个大概的理解就可以了。

对于重复执行的栈清理操作,相比放在调用方来执行,放在被调用的函数一方来执行,可以缩减程序整体的大小。这时我们就可以使用 _stdcall 关键字,只要将 _stdcall 加在函数前面,就可以指定由被调用的函数一方来执行栈清理操作。将代码清单 5-1 中的 int MyFunc(int a, int b) 改成 int _stdcall MyFunc(int a, int b) 再重新编译,就会发现代码清单 5-2 中 addl $8, %esp 这样的指令被移到了 MyFunc() 一方。尽管这种方法只能为程序缩减 3 字节(addl $8, %esp 指令在机器语言中占 3 字

① CPU 已经预置了栈的功能,在程序运行时 CPU 会在内存中分配栈所需要的空间。

② CPU 使用 esp 寄存器保存栈空间中位于顶端的数据的地址。(esp 是 32 位 x86 架构 CPU 中栈指针寄存器的名字。)

节）的大小，但对反复调用同一函数的程序来说，整体上还是有效的（图 5-7）。

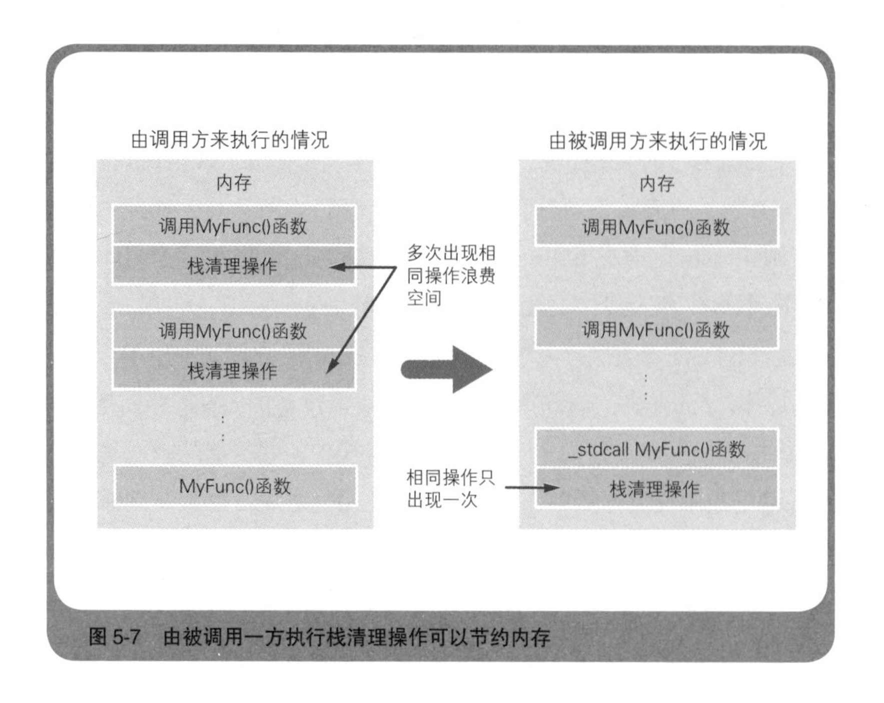

图 5-7　由被调用一方执行栈清理操作可以节约内存

5.6　了解一下磁盘的物理结构

第 4 章中介绍了内存的物理结构。本章，我们来了解一下磁盘的物理结构。所谓磁盘的物理结构，就是指磁盘中数据的存储形式。

磁盘的表面在物理上被划分成若干区域，划分方法分为按固定长度划分的**扇区方式**，以及按可变长度划分的**可变长方式**。一般 PC 所使用的硬盘是采用扇区方式来进行划分的。在扇区方式中，磁盘表面被划分成若干同心圆状的磁道，每条磁道再被划分成若干固定长度（存储的数据长度相等）的扇区（图 5-8）。

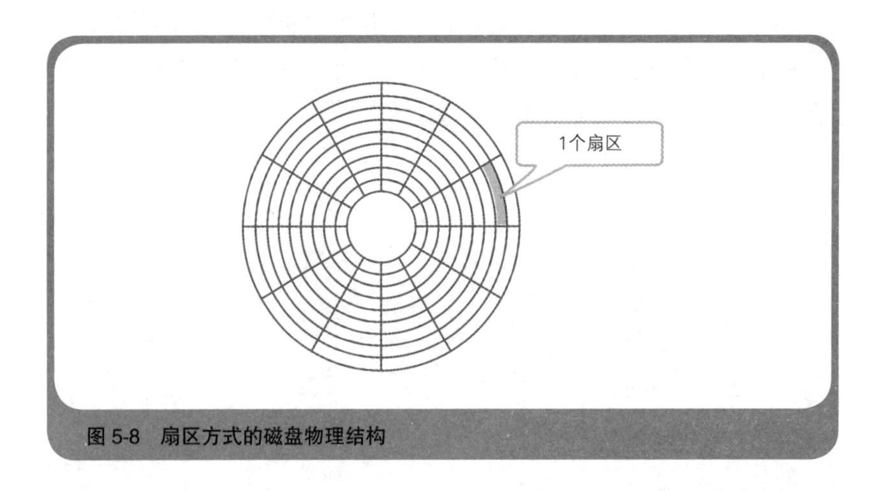

图 5-8 扇区方式的磁盘物理结构

扇区是磁盘在物理上可读写的最小单位。Windows 中的磁盘，一个扇区的长度一般为 512 字节。但是，Windows 在逻辑（软件）上读写磁盘的单位是簇（cluster），它的长度是扇区的整数倍，其实际长度根据硬盘容量确定，有 512 字节（1 个簇 =1 个扇区）、1 KB（1 个簇 =2 个扇区）、2 KB、4 KB、8 KB、16 KB、32 KB（1 个簇 =64 个扇区）等多种情况。磁盘容量越大，簇的长度也越大。

同一个簇中不能存放不同的文件，否则无法只删除簇中的部分文件。因此，无论多小的文件，都要占用一个簇的空间，所有文件实际占用的磁盘空间是簇的整数倍。下面我们通过实验来确认一下。

根据笔者的计算机硬盘设置，1 个簇 =8 个扇区 =4 KB（4096 字节），因此，无论多小的文件，在硬盘上应该也会占用 4 KB 的空间。首先，我们用记事本等文本编辑器[①]输入 1000 个半角字符“a”（请用复

① 文本编辑器是一种只能输入字符的简易文字处理软件。Windows 内置的文本编辑器叫记事本（notepad.exe）。

制粘贴的方式来输入），然后在桌面上保存为“sample.txt”文件。右键点击桌面上的 sample.txt 文件图标，从弹出的菜单中选择“属性”查看文件信息，我们可以发现其中文件的“大小”显示为 1000 字节，但“占用空间”显示为 4096 字节（图 5-9）。

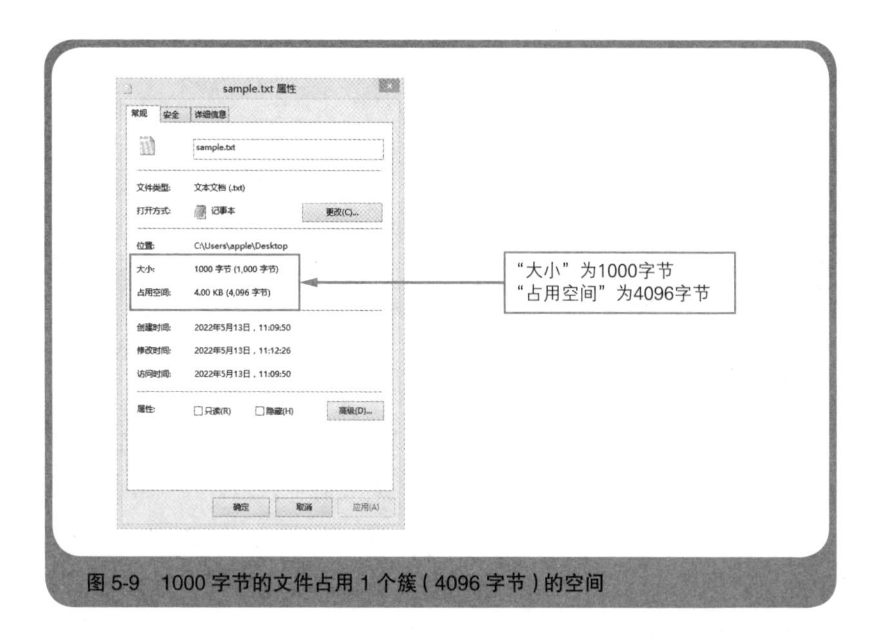

图 5-9　1000 字节的文件占用 1 个簇（4096 字节）的空间

我们用记事本打开 sample.txt，尝试将字符数增加到 2000、3000、4000、4096、4097，逐一覆盖保存，然后查看文件属性。我们会发现当字符数不超过 4096 个（=4096 字节）时，“占用空间”会维持 4096 字节不变，但当字符数达到 4097 个时，“占用空间”就会一下子变成 8192 字节 =2 个簇（图 5-10）。通过这个实验，我们可以看出数据在磁盘上确实是以簇为单位来存储的。

图 5-10　4097 字节的文件会一下子占用 2 个簇（=8192 字节）的空间

在以簇为单位读写磁盘的情况下，一个簇中没有占满的空间就只能被闲置。尽管看起来很浪费，但按照目前的设计来说，也没有什么解决的办法。如果将簇的长度变小，就会增加磁盘的访问次数，造成文件读写速度下降。由于磁盘需要额外的空间记录扇区的划分方式，所以如果簇的长度太小，磁盘整体的存储容量就会减少。扇区和簇的大小需要在处理速度和存储容量之间寻找平衡。

读过本章内容之后，大家应该对内存与磁盘的密切联系有了一定的理解。最近的计算机，内存和磁盘容量都越来越大，但大家还是要注意节约。优秀的程序不仅运行速度快，“身材”也很“苗条”，因此程序员要时刻注意优化程序的大小。

在下一章中，笔者将向大家介绍图片文件的数据格式，以及文件压缩的原理。

第6章

自己动手压缩数据

热身准备

进入正题之前，我为大家准备了一些热身问题，大家可以看看自己是否能够准确回答。

1. 在文件中存储数据的基本单位是什么？
2. 在 doc、zip、txt 这些文件扩展名中，代表压缩文件的是哪一个？
3. 将文件内容表示成“数据的值 × 重复次数”的压缩方法，是叫游程编码还是哈夫曼算法？
4. 在 Windows 计算机经常使用的 Shift-JIS 编码[①]中，一个半角英文或数字字符需要用几字节的数据来表示？
5. BMP 格式的图片文件是经过压缩的吗？
6. 无损压缩和有损压缩有什么区别？

---

① Shift-JIS 是一种常用的日文字符编码方案，中文字符常用编码方案为 GB2312、GB18030 等。

怎么样？有些问题是不是无法简单回答出来呢？下面给出笔者的答案和解析供大家参考。

1. 1 字节（8 比特）
2. zip
3. 游程编码
4. 1 字节（8 比特）
5. 没有经过压缩
6. 压缩后的数据可以恢复成原始数据的是无损压缩，不能恢复成原始数据的是有损压缩

解析

1. 文件是字节数据的集合体。
2. zip 是 Windows 标准支持的压缩文件扩展名。
3. 例如，“AAABB”压缩后会变成“A3B2”。
4. 半角英文、数字和符号都是用 1 字节表示的，汉字等全角字符用 2 字节表示。
5. BMP 格式的图片文件是没有经过压缩的，因此比 PNG 等压缩格式的图片文件要大。
6. 像照片这样只要恢复出来的数据人眼几乎看不出差别，就可以使用有损压缩。

本章要点

前面的章节都是一些比较有难度的内容，本章我们来稍微放松一下。大家可以带着轻松的心情来阅读。本章的主题是文件压缩。

各位应该使用过某些压缩文件吧。Windows 中常见的压缩文件扩展名是 zip[①]。当我们用电子邮件附件发送较大的文件时，文件就会被压缩。将用数码相机拍摄的照片保存到计算机中时，也会不知不觉地用到 JPEG 等压缩格式。为什么文件能被压缩呢？想想还真是一件神奇的事情。下面我们就来看一看文件压缩的原理。

6.1 文件是以字节为单位记录的

在介绍文件压缩的原理之前，我们先来了解一下文件中存储数据的格式。文件是在磁盘等存储媒体中存储数据的一种形式。程序是以字节为单位向文件中存储数据的。文件的大小之所以表示为 ××KB 或 ××MB 等形式，就是出于这个原因[②]。

文件是字节数据的集合体。1 字节（=8 比特）能够表示的字节数据共有 256 种，也就是二进制数 00000000～11111111 所表示的范围。存储在文件中的数据如果表示字符，那这个文件就是一个文本文件；如果表示图案，那这个文件就是一个图片文件。但无论如何，我们都可以认为文件就是一串连续存储的字节数据（图 6-1）。

---

① 扩展名为 zip 的文件是通过 Windows 标准功能或者 7-Zip 等第三方工具生成的压缩文件。这种压缩格式称为 ZIP 格式。

② 正如第 5 章中介绍的那样，物理上磁盘读写的单位是扇区（512 字节），但程序在逻辑上能够以字节为单位对文件内容进行读写操作。

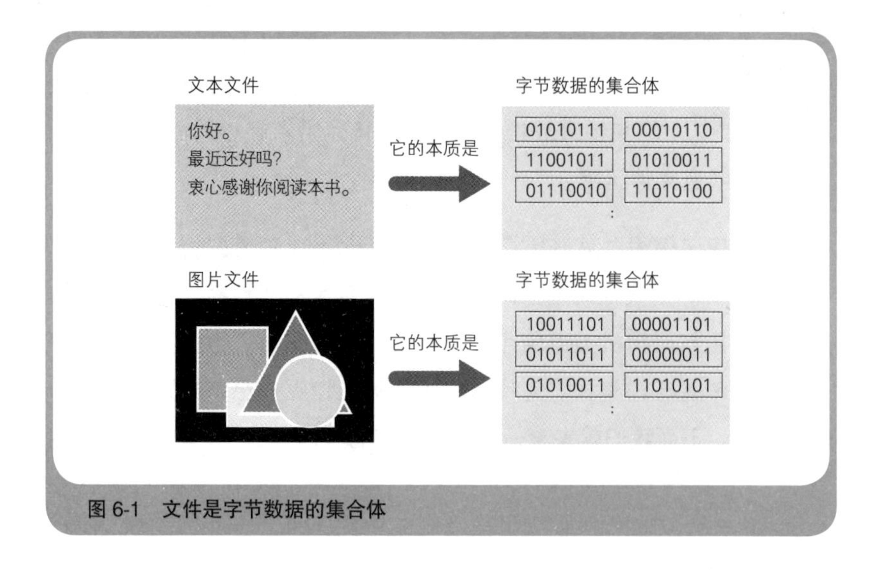

图 6-1 文件是字节数据的集合体

6.2 游程编码的原理

下面来讲一讲文件压缩的原理。这里，假设我们要对AAAAAABBCDDEEEEEF这个包含17个半角英文字符的文件（文本文件）进行压缩。虽然文件的内容没有什么意义，但是它非常适合用来讲解压缩的原理，还请大家包涵。

每个半角英文字符在文件中都占1字节，因此这个文件的大小为17字节。至于怎样压缩这个文件，大家先自己思考一下。用任何方法都可以，只要让压缩后的文件的大小小于17字节就行。

可能大家都能想到这样一个方法，那就是用“字符 × 重复次数”来表示文件的内容。我们可以看到在AAAAAABBCDDEEEEEF这串字符中，一些字符重复出现了多次。如果把字符的重复次数放在字符的后面，就可以将AAAAAABBCDDEEEEEF表示为A6B2C1D2E5F1，这样就只有 12 个字符了，即文件大小为 12 字节，相当于原文件大小的 $12 \div 17 \approx 70\%$，压缩成功！

像这样将文件内容用“数据 × 重复次数”来表示的压缩方法称为**游程编码**（run length encoding）（**图 6-2**）。游程编码是一种很好用的压缩方法，常用在传真的图像压缩等领域[①]。

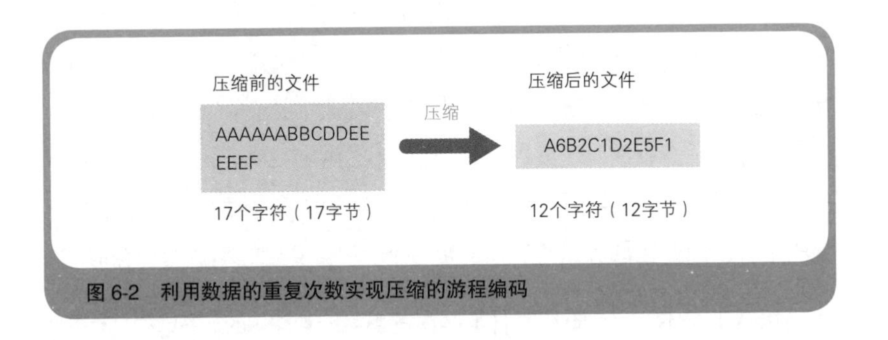

图 6-2　利用数据的重复次数实现压缩的游程编码

6.3　游程编码的缺点

不过，在实际的文本文件中，很少有同一个字符连续多次出现的情况。对于相同数据连续重复的情况较多的图片文件，游程编码的效果比较好，但它并不适合用来压缩文本文件。不过，由于其压缩原理简单，所以游程编码的压缩程序比较容易实现。笔者自己编写了一个游程编码的压缩程序[②]，并用它对各种文件进行了压缩，结果如**表 6-1** 所示。

① 传真中会使用游程编码。在 G3 传真规范中，字符和图形都是以黑白图像的方式发送的。黑白图像的数据就是白和黑交替重复，因此不需要实际发送数据的值（白或黑），只要交替发送它们的重复次数即可，这就进一步提高了压缩效率。例如，白色 5 次，黑色 7 次，白色 4 次，黑色 6 次这样的图像，就会按照其重复次数被压缩成 5746。

② 这个程序的功能是逐字节读取文件内容，并将其表示为数据值和重复次数。

表 6-1　用游程编码对各种文件进行压缩的结果

文件类型	压缩前大小	压缩后大小	压缩率
文本文件	109 341 字节	214 692 字节	196%
图片文件	119 846 字节	16 532 字节	14%
EXE 文件	112 128 字节	193 866 字节	173%

从表 6-1 中我们可以看出，文本文件在压缩后反而变大了。196% 意味着压缩后的大小大约是压缩前的两倍，这是因为其中几乎不包含相同字符连续重复出现的情况。例如，内容为“This is a pen.”这 14 个字符的文本文件通过游程编码压缩后，就会变成“T1h1i1s1 1i1s1 1a1 1p1e1n1.1”这 28 个字符，大小变为压缩前的两倍。一般的文章中很少有连续重复出现的字符，因此大部分字符后面会跟一个“1”，文件大小自然会翻倍。

相对于文本文件，图片文件（黑白的 BMP 文件）的压缩率[①]就可以达到 14%，这是因为表示黑或白的数据经常会连续重复出现。EXE 程序文件的压缩率尽管比文本文件稍好一点，但也有 173%（1.73 倍），因为表示程序指令的字节数据也很少有连续重复出现的情况。

6.4　从莫尔斯码中发现哈夫曼算法的基础

压缩方法有很多种，这里向大家介绍的第二种压缩方法称为哈夫曼算法。**哈夫曼算法**是大卫 • 哈夫曼（D. A. Huffman）于 1952 年提出的，ZIP 格式[②]也是使用哈夫曼算法来进行压缩的。

要理解哈夫曼算法，我们首先需要舍弃“1 个半角英文、数字和符号占 1 字节（8 比特）”的固有观念。一个文本文件中包含各种各样的字符，

① 压缩后与压缩前文件大小之比称为压缩率或压缩比。

② ZIP 格式是使用哈夫曼算法和字典（用于表示数据序列的规律）来实现的。

但每个字符的出现次数是不同的。例如，在一个文本文件中，“A”出现了100 次，但“Q”只出现了 3 次，这是很普遍的现象。而哈夫曼算法压缩的要点在于，我们可以将出现次数多的数据用小于 8 比特的编码来表示，将出现次数少的数据用大于 8 比特的编码来表示。如果“A”和“Q”都用 8 比特来表示，那么文件的原始大小就是 8 比特 ×100 次 +8 比特 ×3 次 =824 比特，但如果我们能将“A”用 2 比特来表示，将“Q”用 10 比特来表示，那么压缩后的数据大小就是 2 比特 ×100 次 +10 比特 ×3 次 =230 比特。

但是，无论是不足 8 比特的数据，还是超过 8 比特的数据，最终都要以 8 比特为单位存储到文件中，因为磁盘按 1 字节为单位来存储数据的事实是无法改变的（**图 6-3**）。要实现哈夫曼算法，压缩程序的内容会变得很复杂，但相应的压缩效率也会得到很大的提高。

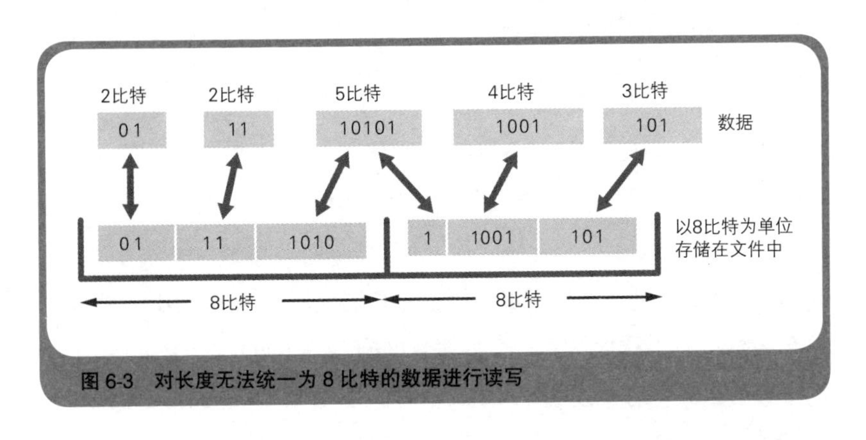

图 6-3 对长度无法统一为 8 比特的数据进行读写

下面我们稍微岔开一下话题。为了让大家更好地理解哈夫曼算法，笔者先来介绍一下莫尔斯码。莫尔斯码是塞缪尔 • 莫尔斯（Samuel F.B. Morse）于 1837 年提出的，它使用“嘀、嗒、嘀、嗒”这种长短交替的信号来传输信息。想必大家在电影或电视剧里见过莫尔斯码的发报装置。

接下来才是重点。对数字世界习以为常的各位可能会认为莫尔斯码中短信号代表 0，长信号代表 1，每个字符用 8 比特来表示。而在实际的莫尔斯码中，不同字符所使用的编码长度是不同的。**表 6-2** 列举了一些莫尔斯码的编码示例，其中 1 代表短信号，11 代表长信号。

表 6-2　莫尔斯码和比特长度

字符	比特序列	比特长度
A	1 0 1 1	4 比特
B	1 1 0 1 0 1 0 1	8 比特
C	1 1 0 1 0 1 1 0 1	9 比特
D	1 1 0 1 0 1	6 比特
E	1	1 比特
F	1 0 1 0 1 1 0 1	8 比特
字符间隔	0 0	2 比特

1：短信号；1 1：长信号；0：信号的间隔

莫尔斯码的编码对象是英文字母，在一般的文本中出现频率越高的字母，其编码长度越短。这里的出现频率不是对出版物中的文章进行统计得出的结果，而是根据印刷厂所使用的活字个数来确定的。如表 6-2 所示，如果将短信号编码为 1，长信号编码为 11，那么字母 E 就只用一个“1”，即 1 比特表示，而字母 C 需要用“110101101”，共 9 比特来表示。这里我们用 0 来表示信号的间隔。不过，在实际的莫尔斯码中，如果短信号长度为 1，则长信号长度为 3，间隔的长度为 1。这里的长度指的是声音的时长。我们尝试用莫尔斯码表示之前提到的 AAAAAABBCDDEEEEEF 这串字符。莫尔斯码规定，每两个字母之间需要有一个间隔，这里我们用 00 来表示这个间隔。于是，AAAAAABBCDDEEEEEF 的编码总长度为：A×6 次 +B×2 次 +C×1 次 +D×2 次 +E×5 次 +F×1 次 + 字母间隔 ×16 次 =4 比特 ×6 次 +8 比特 ×2 次 +9 比特 ×1 次 +6 比特 ×2 次 +1 比特 ×5 次 +8 比特 ×1

次 +2 比特 ×16 次 =106 比特≈ 14 字节。由于数据只能以字节为单位存储在文件中，所以在这里将不足 1 字节的部分向上取整。如果每个字符用 1 字节（8 比特）来表示，则需要 17 字节，此时莫尔斯码的压缩率为 14 ÷ 17 ≈ 82%，这个结果只能说马马虎虎吧。

6.5 使用树来构建哈夫曼编码

莫尔斯码是根据字母在一般文本中的出现频率来确定它们的编码长度的。但是，对于 AAAAAABBCDDEEEEEF 这样的特殊文本，这一编码系统就不是最优的了。在莫尔斯码中，E 的编码长度最短，但在 AAAAAABBCDDEEEEEF 这段文本中，出现频率最高的字符是 A，如果我们能为 A 分配长度最短的编码，就能进一步提升压缩效率。

接下来我们来看一看哈夫曼算法。哈夫曼算法的要点是根据不同的压缩对象文件来构建最优的编码系统，并基于这一编码系统来进行压缩。因此，具体为哪个数据分配哪个编码（哈夫曼编码），在不同的文件中是不同的。在由哈夫曼算法压缩的文件中，同时保存着哈夫曼编码的信息以及压缩后的数据（图 6-4）。

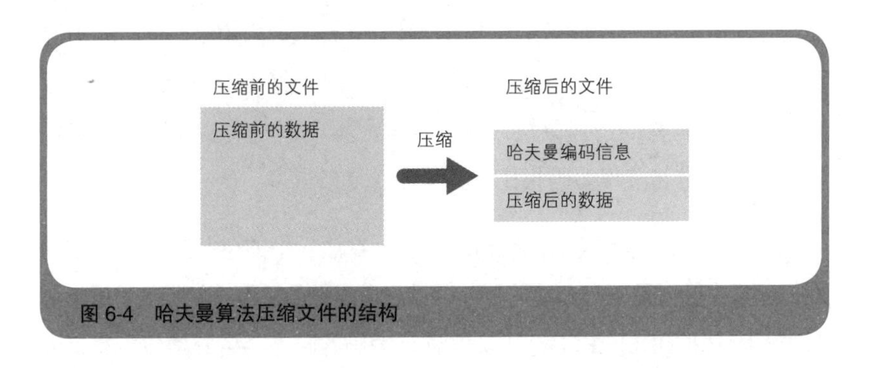

图 6-4　哈夫曼算法压缩文件的结构

AAAAAABBCDDEEEEEF 中使用了 A～F 这几种字符，我们来尝试一下用长度短的编码来表示出现频率高的字符。首先，我们将这些字符按出现频率从高到低排序，如**表 6-3** 所示，表中也给出了一种编码方案。

在表 6-3 的编码方案中，随着字符出现频率从高到低，其编码长度按照 1 比特、2 比特递增。然而，这个编码系统是有问题的。例如，3 比特的编码“100”，可以表示“1”“0”“0”，即“E”“A”“A”三个字符，也可以表示“10”“0”，即“B”“A”两个字符，也可以看成一个整体“100”，表示字符“C”，我们无法区分它到底表示的是哪一种。因此，这个编码系统必须加入分隔符才能使用。

表 6-3 出现频率和编码方案

字符	出现频率	编码方案	比特数
A	6	0	1
E	5	1	1
B	2	10	2
D	2	11	2
C	1	100	3
F	1	101	3

哈夫曼算法使用**哈夫曼树**（Huffman tree）来构建编码系统，从而实现了不用分隔符就能区分字符的编码系统。在使用哈夫曼树的情况下，即便每个字符的编码长度不同，不同的字符也能正确分隔开来。理解了哈夫曼树的构建方法，就可以编写程序用哈夫曼算法实现文件压缩。只不过和游程编码相比，其程序要复杂得多。

下面来讲一讲哈夫曼树的构建方法。自然界中的树是从根生出枝叶的，但哈夫曼树是先有末端的枝叶，最后形成根的。**图 6-5** 展示了用于对 AAAAAABBCDDEEEEEF 这段文本进行编码的哈夫曼树的构建步骤，大家可以自己在纸上尝试一下。只要亲手做过一次，就可以理解其构建过程了。

第1步：将数据按出现频率排序。
( ) 中的数字代表频率。

出现频率	(6)	(5)	(2)	(2)	(1)	(1)
字符	A	E	B	D	C	F

第2步：选择出现频率最低的两个数据，向上拉出两条线合并分支，将两者的频率相加作为上层节点的频率。如果频率最低的选项有多个，任选两个即可。

(2)

出现频率	(6)	(5)	(2)	(2)	(1)	(1)
字符	A	E	B	D	C	F

第3步：重复第2步的操作，任意位置的两个数据均可合并。

(4) (2)

出现频率	(6)	(5)	(2)	(2)	(1)	(1)
字符	A	E	B	D	C	F

第4步：当只剩根上最后一个数据时，哈夫曼树就构建完成了。现在我们从根出发，在左分支写上0，在右分支写上1。将从根出发到达目标字符所经过的路径上的0和1按顺序排列，就能得到这个字符的哈夫曼编码。

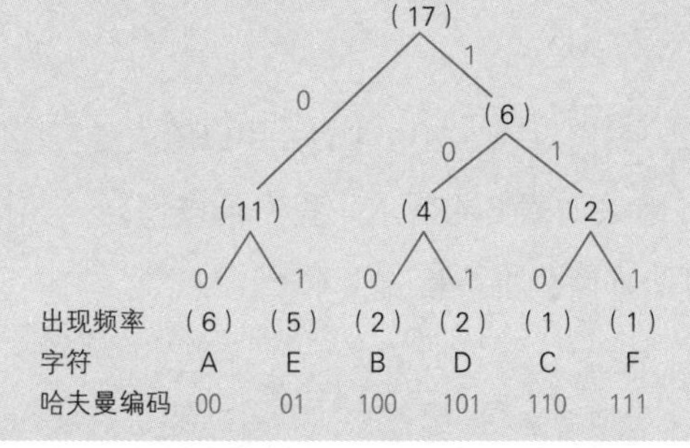

图 6-5 通过哈夫曼树编码的步骤

6.6　通过哈夫曼算法大幅提高压缩效率

使用哈夫曼树就可以为出现频率较高的数据赋予长度较短的编码，并且可以准确判断字符之间的分隔。大家知道这是为什么吗？

我们在编码时采用了“将出现频率最低的数据连接起来”的方法，这意味着出现频率低的数据要到达根需要经过更多的分支。经过的分支的数量多，就意味着编码的比特数多。

对于经过哈夫曼算法压缩的数据，从开头逐一读取每比特的数据，在与哈夫曼树进行比较的过程中找到目标编码，这时就分辨出了数据之间的分隔。例如，对于10001这一串5比特的数据，按照图6-5的哈夫曼编码进行查找，其中100会找到字符B，剩下的01会找到字符E，在这个过程中，字符之间的间隔已经被正确分辨出来。

下面我们来看一下哈夫曼算法的压缩率。AAAAAABBCDDEEEEEF这段文本用图6-5中的哈夫曼编码可以表示为0000000000001001001101011010101010101111，共40比特=5字节（不包括哈夫曼编码信息的情况下）。压缩前的数据为17字节，因此其压缩率为5字节÷17字节≈29%，真是令人惊讶。

作为参考，我们对表6-1中的文件用以哈夫曼算法为基础的ZIP格式进行压缩，结果如**表6-4**所示。我们可以发现，无论任何类型的文件，哈夫曼算法都能获得不错的压缩率。

表 6-4　用 ZIP 格式对各种文件进行压缩的结果

文件类型	压缩前大小	压缩后大小	压缩率
文本文件	109 341 字节	31 371 字节	29%
图片文件	119 846 字节	5425 字节	5%
EXE 文件	112 128 字节	63 722 字节	57%

6.7　无损压缩与有损压缩

最后来介绍一下图片文件的数据格式。使用图片文件的目的是将图像数据输出到显示器或打印机。Windows 标准图像数据的格式是 BMP[①]，这是一种完全未经压缩的格式。由于显示器或打印机输出的点（bit）可以直接进行映射（mapping），所以使用了 BMP（bitmap）这个名称。

除 BMP 格式之外，还有很多其他类型的图片文件格式，例如 JPEG[②] 格式、GIF[③] 格式、PNG[④] 格式等。BMP 之外的大多数图像数据格式采用了一定的方法对数据进行压缩。

对于图片文件，我们可以使用与之前介绍的游程编码、哈夫曼算法不同的压缩方法，这是因为在大多数情况下，在质量方面，压缩后

① BMP（Bitmap，位图）是 Windows 内置软件“画图”等工具所生成的图片文件格式。

② JPEG（Joint Photographic Experts Group，联合图像专家组）是一种常用于数码相机的图像格式。

③ GIF（Graphics Interchange Format，图形交换格式）是一种常用于网页的标志和按钮等场景的图像格式。它最多能存储 256 种颜色。

④ PNG（Portable Network Graphics，便携式网络图形）是一种为了在网页中取代 GIF 而开发的图像格式。它能够存储比 GIF 更多的颜色。

的图片文件没有必要和原来的完全相同。EXE 程序文件，以及每个字符和数字都有意义的文本文件，必须能够准确地恢复为压缩前的内容，而图片文件即便无法准确恢复到压缩前的状态，只要人眼感觉不到差异，就允许损失一些质量。能够恢复到压缩前状态的压缩方式称为**无损压缩**，不能恢复到压缩前状态的压缩方式称为**有损压缩**（图 6-6）。

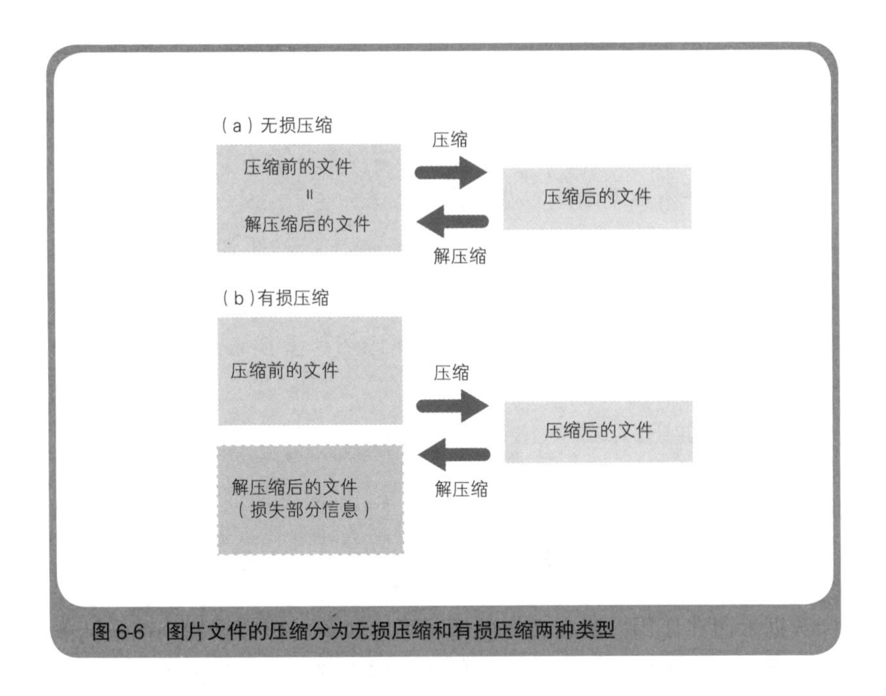

图 6-6 图片文件的压缩分为无损压缩和有损压缩两种类型

图 6-7 中展示了各种图片文件格式的示例。原始图片文件是 BMP 格式（24 位颜色位图）。和原始文件相比，JPEG 格式和 GIF 格式的文

件的质量都有所下降。JPEG 格式[①]的文件采用了有损压缩，因此会损失一部分信息，导致图像变得模糊。GIF 格式的文件虽然采用了无损压缩，但它最多只能存储 256 种颜色，由此损失了一部分颜色信息，导致图像失真。PNG 格式的文件采用了无损压缩，而且能够存储与 BMP 格式相同数量的颜色，因此图像能够保持原状。

压缩方法大概有 10～20 种。之所以存在这么多种压缩方法，除了因为它们的压缩率不同，还因为压缩所需要的处理时间（程序复杂度）以及适用于哪种文件有所不同。因此，称得上最好的、万能的压缩方法，现在还没有被设计出来。这是一个可以发挥自身才能的好机会，大家不妨尝试设计一种原创的压缩方法。不过，对文本文件是不能使用有损压缩的，原因大家应该明白了吧。

---

① 数码相机常用的 JPEG 文件是按照以下三个步骤来进行压缩的。

（1）将构成图像的每个像素的颜色信息从 RGB（红色分量、绿色分量、蓝色分量）转换成 YCbCr（亮度、蓝色色差、红色色差）。人眼对亮度的变化最敏感，但对颜色变化不敏感，因此，表示亮度的 Y 是最重要的，表示颜色的 Cb 和 Cr 相对来说就没那么重要了。于是，我们可以每隔一个像素舍弃其 Cb 和 Cr 信息，以减少图像的数据量。

（2）将每个像素的颜色变化想成信号变化，也就是把它想成一种波，对其进行傅里叶变换。傅里叶变换就是将波分解成若干不同频率的波。照片图像一般具有低频部分（颜色变化平缓）较多，高频部分（颜色变化剧烈）较少的特点，因此我们可以去除其中的高频部分，进一步减少图像的数据量。即使去除高频部分，人眼也几乎看不出区别。但是，用 Windows 画图软件制作的那种比较简单的图形数据，在颜色剧烈变化的地方会变模糊。用 Windows 画图软件画一个正方形或者圆形的图案，保存成 JPEG 格式，就会发现颜色剧烈变化的图形轮廓部分会变模糊。

（3）将缩减数据量后的图像数据用哈夫曼算法压缩，进一步缩小文件的尺寸。

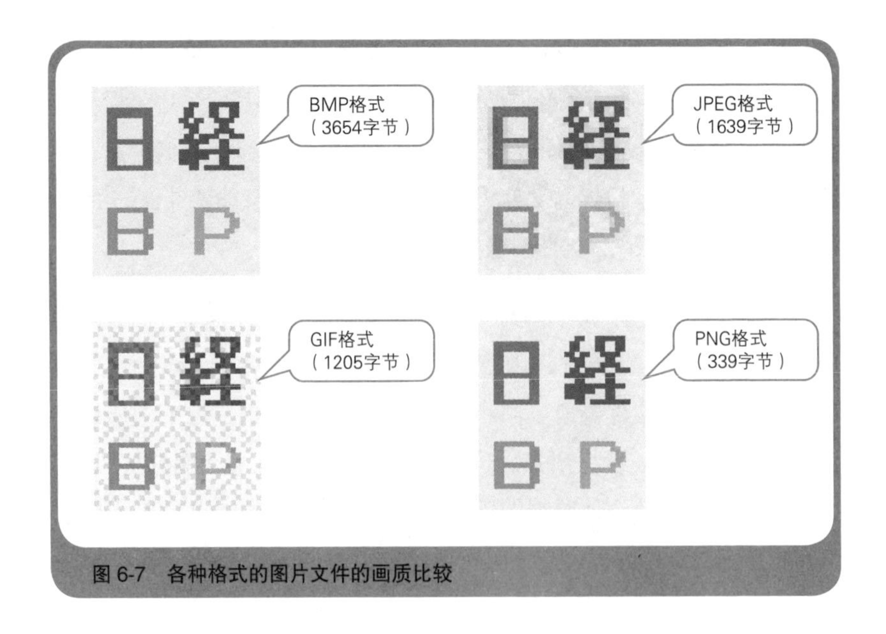

图 6-7　各种格式的图片文件的画质比较

下一章我们将回到“程序是怎样跑起来的”这个主题，笔者会向大家介绍程序的运行环境。

如果是你，你会怎样讲呢？

给喜欢打游戏的初中生讲解内存和磁盘

笔者：你有什么特别想要的东西吗？

初中生：游戏吧。

笔者：你有哪种游戏机？

初中生：任天堂 Switch 和 PlayStation。

笔者：（太棒了！可以进入内存和磁盘的话题了）这样啊。任天堂 Switch 用的是游戏卡带，PlayStation 用的是光盘。你觉得游戏卡带和光盘有什么不同呢？

初中生：光盘可以装更多的数据，图像和声音都更棒。

笔者：没错！没错！其实，任天堂 Switch 和 PlayStation 也是一种计算机。我们用的个人计算机不仅能玩游戏，还可以处理文档和上网，而任天堂 Switch 和 PlayStation 就是一种专门用来玩游戏的计算机。

初中生：这个我当然知道。

笔者：计算机是一种运行软件的机器，游戏卡带和光盘里面装的就是软件，这个你知道吧？

初中生：知道呀。

笔者：光盘有点像唱片，它是靠表面凹凸不平的小坑来存储软件的，这个你应该也知道，那么游戏卡带里面是什么样的呢？

初中生：这还不简单，里面有内存①呗。

笔者：厉害，答对了！那内存是怎样存储软件的呢？

初中生：……

笔者：是靠有没有电来存储的。你可以这样理解，有电和没电分别对应光盘上面有没有小坑。

初中生：那为什么光盘的容量更大呢？

笔者：（这问题有点难……怎样回答才好呢……有了！）如果用很多很多的内存，游戏卡带里面也可以装下很多数据，只不过这样的一张

---

① 此处的“内存”并非指“内存储器”，而是一种半导体存储器。——译者注

游戏卡带可能要卖到几万日元[1]。

初中生：那我可买不起。

笔者：是吧。所以数据量大的软件就会用价格更便宜的光盘来存储。但是，光盘中存储的软件还是要先复制到游戏机的内存中才能运行。

初中生：那结果还是要用内存咯？

笔者：这么说也没错，但是游戏机里面的内存只能装下一点点数据，所以游戏在运行的时候会一点一点地将所需要的内容从光盘复制到内存里。

初中生：你说的就是游戏的加载吧？

笔者：没错！我想告诉你的是，计算机可以将数据存储在光盘、硬盘中，也可以存储在内存中，现在的话，光盘便宜一些。

初中生：那干脆把所有游戏都存在光盘里算了。

笔者：也不是不行，但是我刚才说过，计算机要运行游戏，必须把它先复制到内存里才行。

初中生：游戏卡带里的数据也要先复制到内存中吗？

笔者：现在的大部分游戏卡带，比如你的任天堂 Switch，也是需要把数据复制到游戏机内存中才能运行的，这一点和磁盘或者光盘是一样的，只是速度要更快一些。但是，更早期的游戏卡带却不一样，它相当于代替了游戏机本体的部分内存，因此不需要把数据复制过去就能运行。

初中生：原来如此。

笔者：真的明白了吗？

初中生：明白了。

笔者：真的？

初中生：真的呀。好了，我要继续打游戏了。

笔者：对了，你知道之前游戏的存档是存储在哪里的吗？

初中生：好了好了，我不想再聊这个话题了。

笔者：喂，等等！

初中生：拜拜！

① 约几千元人民币。——译者注

第7章

程序在怎样的环境下运行

热身准备

进入正题之前，我为大家准备了一些热身问题，大家可以看看自己是否能够准确回答。

1. 应用程序的运行环境用什么来表示？
2. Windows 应用程序能直接在 macOS 上运行吗？
3. PC 能安装除 Windows 以外的操作系统吗？
4. Java 虚拟机的功能是什么？
5. SaaS、PaaS、IaaS 这几种类型的云计算中，提供虚拟硬件的是哪一个？
6. 引导装入程序（bootstrap loader）的功能是什么？

怎么样？有些问题是不是无法简单回答出来呢？下面给出笔者的答案和解析供大家参考。

1. 操作系统和硬件
2. 不能直接运行
3. 可以
4. 运行编译为字节码的 Java 程序
5. IaaS
6. 启动操作系统

解析

1. 一般来说，应用程序的运行环境是指操作系统的类型以及硬件（CPU、内存等）的类型和性能指标。
2. 应用程序是为了在特定操作系统上运行而开发的。
3. PC 上也可以安装 Ubuntu、RHEL（Red Hat Enterprise Linux）等 Linux 发行版操作系统。
4. 只要针对不同的环境准备专用的 Java 虚拟机，就可以让相同的字节码在各种环境中运行。
5. SaaS 提供应用程序，PaaS 提供操作系统，IaaS 提供硬件。
6. 计算机内部 ROM 中存储的 BIOS 程序负责启动引导装入程序，引导装入程序负责启动存储在硬盘等媒体中的操作系统。

本章要点

同一个程序被很多用户使用，就可以产生巨大的价值。这个价值既可以是出售软件来赚钱，也可以是分发自由软件[①]来获得认同。相信大家都希望自己编写的程序能被更多的用户使用，但是运行环境的差异会对此产生影响。例如，Windows 的程序基本上不能直接在 macOS 上运行，大家知道这是运行环境不同所导致的。那么运行环境的不同到底意味着什么呢？为什么运行环境不同，程序就无法运行呢？本章，笔者就来介绍其中的原因，以及一些解决方法。

7.1 运行环境 = 操作系统 + 硬件

每个程序都有其对应的运行环境。例如，微软公司的 Office Home & Business 2019（以下简称 Office 2019）的运行环境[②]如**表 7-1** 所示。我们知道，程序的运行环境是通过操作系统和硬件（处理器、内存等）来表示的，也就是说，操作系统和硬件决定了程序的运行环境。

表 7-1 微软 Office 2019 的运行环境（节选）

操作系统	Windows 10、Windows Server 2019
处理器	1.6 GHz 以上，双核心
内存	4 GB（64 位版本）、2 GB（32 位版本）
硬盘	剩余空间 4 GB
显示器	分辨率 1024 像素 ×768 像素

① 自由软件（freesoft 或 freeware）指的是可以免费使用的程序。

② Office Home & Business 2019 也有 Mac 版本，这里展示的是 Windows 版本的运行环境。

一台计算机可以安装多种操作系统。例如，PC[1]不仅可以安装Windows，还可以安装Linux[2]操作系统。因此，Office 2019的运行环境需要同时规定操作系统和硬件类型（图7-1）。但是，只说Windows或Linux还不够，因为操作系统有很多版本，有些应用程序可能只能在特定版本的操作系统中运行。

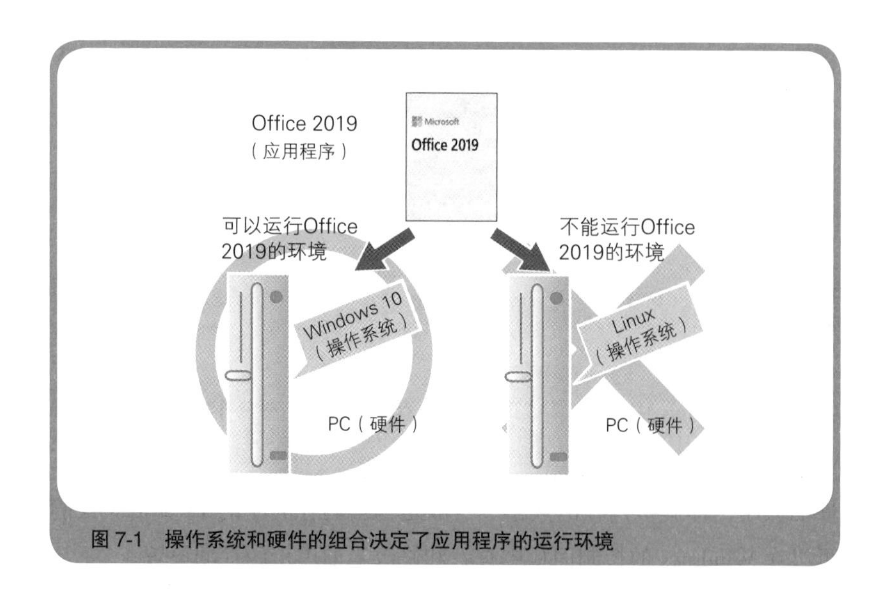

图7-1 操作系统和硬件的组合决定了应用程序的运行环境

在将硬件作为程序运行环境考虑时，CPU的类型非常重要。运行Office 2019需要x86架构的CPU（处理器）。表7-1中虽然没有标明CPU的类型，但PC使用的都是x86架构的CPU或是与其兼容的CPU。

CPU只能解释特定种类的机器语言，不同类型的CPU能解释

① 这里所说的PC又称PC/AT兼容机或者IBM PC兼容机。

② Linux是芬兰赫尔辛基大学的林纳斯•托瓦兹（Linus Torvalds）于1991年开发的一种UNIX系操作系统，后来在很多协作者的参与下增加了很多功能，现在是世界上十分流行的一种操作系统。

的机器语言也不同。除了 x86，CPU 的种类还包括 MIPS、SPARC、PowerPC 等[①]，它们各自所使用的机器语言都是不同的。

机器语言的程序也称为**本机代码**（native code）。程序员使用 C 语言等编写的程序，在编写阶段都只是普通的文本文件。在任何环境下文本文件（不考虑字符编码问题的话）都可以显示和编辑，这样的文件被称为**源代码**（source code）。对源代码进行编译，可以得到本机代码。在大多数情况下，应用程序不是以源代码的形式分发的，而是以本机代码[②]的形式分发的（**图 7-2**）。

7.2 Windows 消除了 CPU 之外的硬件差异

计算机的硬件并不只有 CPU，还有用来存储程序指令和数据的内存，通过 I/O[③] 连接的键盘、显示器、硬盘、打印机等外部设备。在不同的计算机中，这些外部设备的访问方式也有所不同。

① MIPS 是由 MIPS Technology 开发的 CPU，曾经也有面向 MIPS 工作站的 Windows 操作系统，但现在已经不再销售了。SPARC 是由 Sun Microsystems 开发的 CPU，用于工作站和服务器。PowerPC 是由苹果、IBM、摩托罗拉共同开发的 CPU，也用于工作站和服务器。另外，现在的 Mac 计算机采用的是 Intel 的 x86 架构 CPU 以及苹果自研的 CPU。工作站和服务器指的是比普通的个人计算机性能更高的计算机。

② Windows 应用程序的本机代码就是 EXE、DLL 等文件。

③ 这里的 I/O（Input/Output，输入 / 输出）是负责将计算机主机与外部设备连接起来的控制芯片。

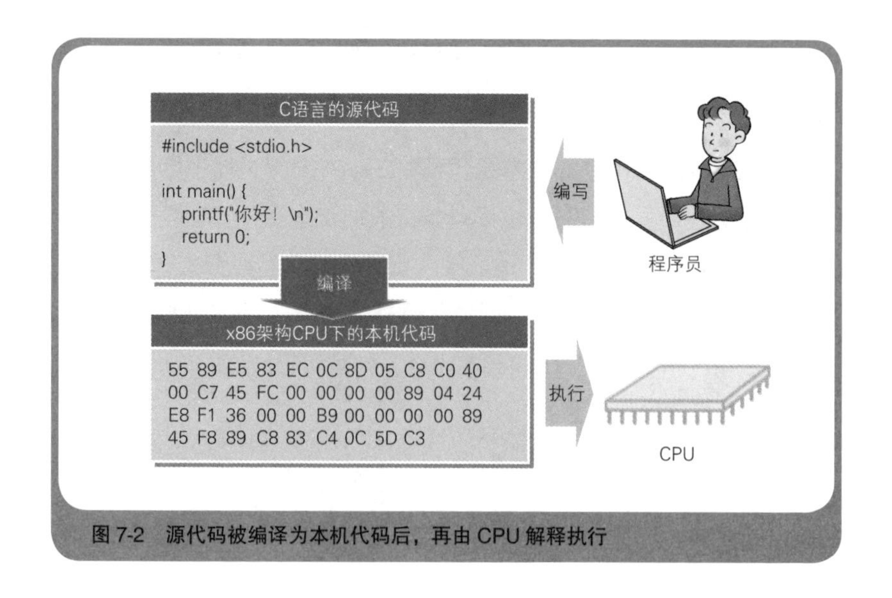

图 7-2　源代码被编译为本机代码后，再由 CPU 解释执行

Windows 为消除这些硬件差异做出了巨大的贡献。在了解 Windows 之前，我们先来回顾一下 Windows 的前身 MS-DOS[①] 操作系统被广泛使用的时代。在距今三四十年前的 MS-DOS 时代，日本市场上有 NEC 的 PC-9801、富士通的 FMR、东芝的 Dynabook 等各种型号的个人计算机。Windows 3.0 和 3.1 出现之后，PC/AT 兼容机（PC）开始普及，并与 PC-9801 争夺市场份额。

上面这些型号的计算机配备的都是 x86 架构的 CPU，但由于内存、I/O 等硬件的差异，MS-DOS 下的应用软件也必须为每一种机型专门进行开发。CPU 有一块专门用于外部设备输入 / 输出的 I/O 地址空间，对于哪一个外部设备分配到哪一个地址，不同的机型也有所不同。

例如，当时日本 JustSystems 公司开发了一款很火的文字处理软件

① MS-DOS（Microsoft Disk Operating System，微软磁盘操作系统）是 20 世纪 80 年代十分普及的个人计算机操作系统。

叫“一太郎”，如果要使用这款软件，就必须根据计算机的机型购买对应的版本（**图 7-3a**）。这是因为在应用程序中存在对计算机硬件直接进行操作的部分。而这又是为什么呢？原因有很多，比如 MS-DOS 的功能不完善、需要提高程序的运行速度等。

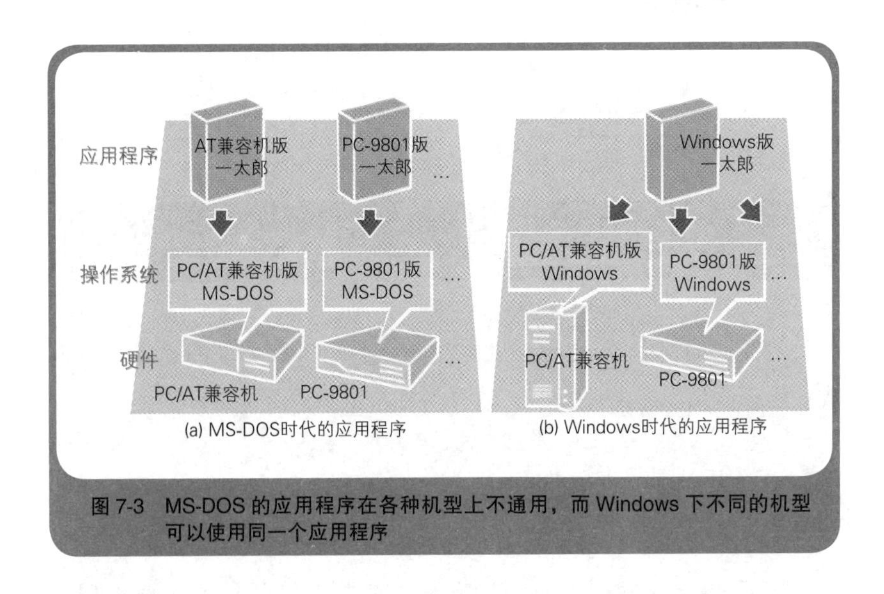

图 7-3 MS-DOS 的应用程序在各种机型上不通用，而 Windows 下不同的机型可以使用同一个应用程序

随着 Windows 的普及，事态有了很大的改变。只要能运行 Windows，在不同的机型上也可以使用相同的应用程序（本机代码）（图 7-3b）。

在 Windows 应用程序中，键盘输入、显示器输出等操作不是通过直接访问硬件来实现的，而是通过向 Windows 发出请求来间接地实现的。这样一来，程序员就不需要关注内存和 I/O 地址的差异了，因为 Windows 代替了应用程序对各种不同机型的硬件进行操作（**图 7-4**）。但是，Windows 本身还是需要为 PC/AT 兼容机、PC-9801 等不同的机型专门适配不同的版本。

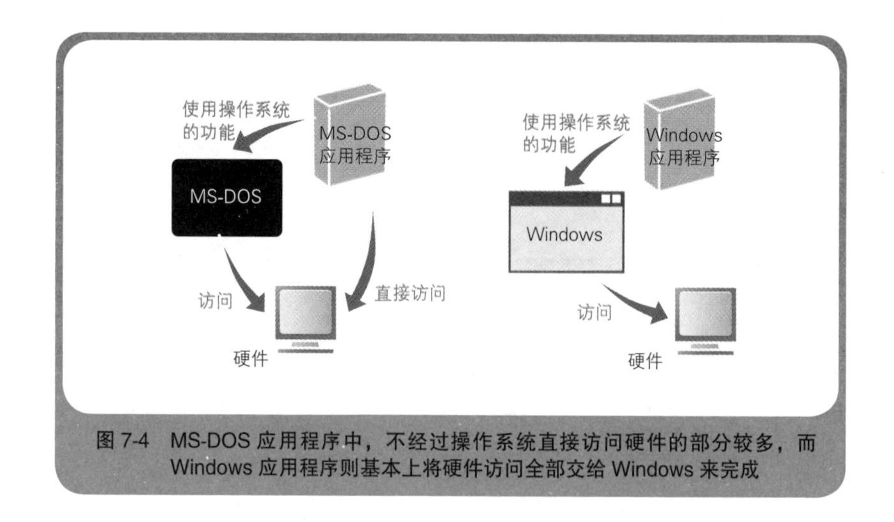

图 7-4　MS-DOS 应用程序中，不经过操作系统直接访问硬件的部分较多，而 Windows 应用程序则基本上将硬件访问全部交给 Windows 来完成

然而，即便是 Windows 也无法彻底抹平 CPU 类型的差异，因为 Windows 应用程序都是以特定 CPU 的本机代码的形式来分发的。

7.3　每种操作系统的 API 都是不同的

接下来我们将目光转向不同操作系统之间的区别。同一种机型的计算机也可以安装多种操作系统。以 PC 为例，除 Windows 之外，它也可以安装 Ubuntu、RHEL 等 Linux 发行版[①]。当然，应用程序也要根据各种不同的操作系统来提供相应的版本。如果说 CPU 类型的差异代表机器语言的差异，那么操作系统的差异就代表应用程序向操作系统发出请求方式的差异。

应用程序向操作系统发出请求的方式是由 API（Application

① Linux 发行版是指将 Linux 内核（操作系统的核心部分）与各种软件捆绑打包所组成的一个可以直接使用的操作系统。Linux 发行版包括 Ubuntu、RHEL（Red Hat Enterprise Linux）等。

Programming Interface，应用程序接口）[1]来决定的。Windows 和 Linux 的 API 提供了可被任意应用程序使用的函数集合。由于不同的操作系统提供的 API 不同，所以如果要将一个应用程序移植到另一个操作系统上，就必须重新编写其中使用 API 的部分。API 提供了键盘输入、鼠标输入、显示器输出、文件输入 / 输出等与外部设备之间输入 / 输出的功能。

在同一个操作系统中，无论使用怎样的硬件，API 都是基本相同的。因此，按照操作系统的 API 编写的程序，在任何硬件上都可以运行。当然，如果 CPU 类型不同，机器语言也会不同，本机代码不可能保持不变。在这种情况下，我们需要使用对应的编译器重新编译源代码，以便生成适配各种 CPU 的本机代码。

通过上面的讲解，大家应该能够理解，程序（本机代码）的运行环境是由操作系统和硬件共同决定的这一点了。

7.4 使用源代码进行安装

可能有些人会想："既然不同的 CPU 下本机代码无法通用，那干脆直接用源代码来分发程序不是更好吗?" 这的确是一种好方法，Linux 就可以使用这种方法。

在 Linux 中安装新程序时，我们可以选择包含所有必要程序的软件包，也可以选择通过源代码来安装。其中第二种方法就是将源代码在本机上编译后再使用。

① API 也被称为系统调用，因为它为应用程序提供了调用系统功能的手段。关于系统调用，第 9 章中会详细介绍。

Linux 程序的源代码大多是用 C 语言来编写的，这些源代码可以从遍布互联网的 Linux **仓库**[①] 中获取。Linux 内置了标准的 C 语言编译器，使用该编译器就可以按照当前 Linux 的运行环境生成对应的本机代码（图 7-5）。

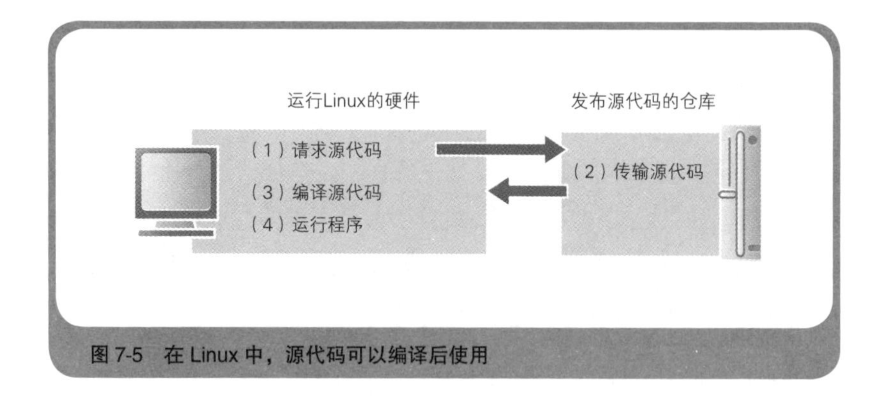

图 7-5 在 Linux 中，源代码可以编译后使用

7.5 在任何地方都能提供相同运行环境的 Java 虚拟机

不将源代码编译为本机代码，而是一种中间代码，就可以提供不依赖特定操作系统和硬件的运行环境了，Java 使用的就是这种方法。Java 这个词有两个含义，一个是 Java 编程语言，另一个是 Java 程序运行环境。

和其他编程语言一样，用 Java 编写的源代码也需要经过编译才能运行，但是编译后生成的并不是针对特定 CPU 的本机代码，而是一种称为**字节码**（bytecode）的代码。字节码的运行环境称为 **Java 虚拟机**（Java Virtual Machine，Java VM）。Java 虚拟机会将 Java 字节码逐一转

① 仓库（repository）是指保存程序和程序源代码的地方。Linux 通过互联网上的服务器来发布仓库。

换为本机代码来执行。

例如，在安装 Windows 的 PC 上使用 Java 编译器和 Java 虚拟机时，编译器会将程序员编写的源代码编译成字节码，然后由 Java 虚拟机将字节码转换成 x86 架构 CPU 的本机代码以及 Windows 的 API，最后由 x86 架构 CPU 和 Windows 来执行实际的操作。

编译后的字节码需要在运行时转换成本机代码，这个方法看起来有点绕弯子，但它可以让相同的字节码在不同的环境中运行。只要为各种操作系统和硬件开发对应版本的 Java 虚拟机，就可以让相同的字节码应用程序在所有环境中运行了。Java 的这种特性被称为 “Write once, run anywhere”（一次编写，处处运行）（图 7-6）。

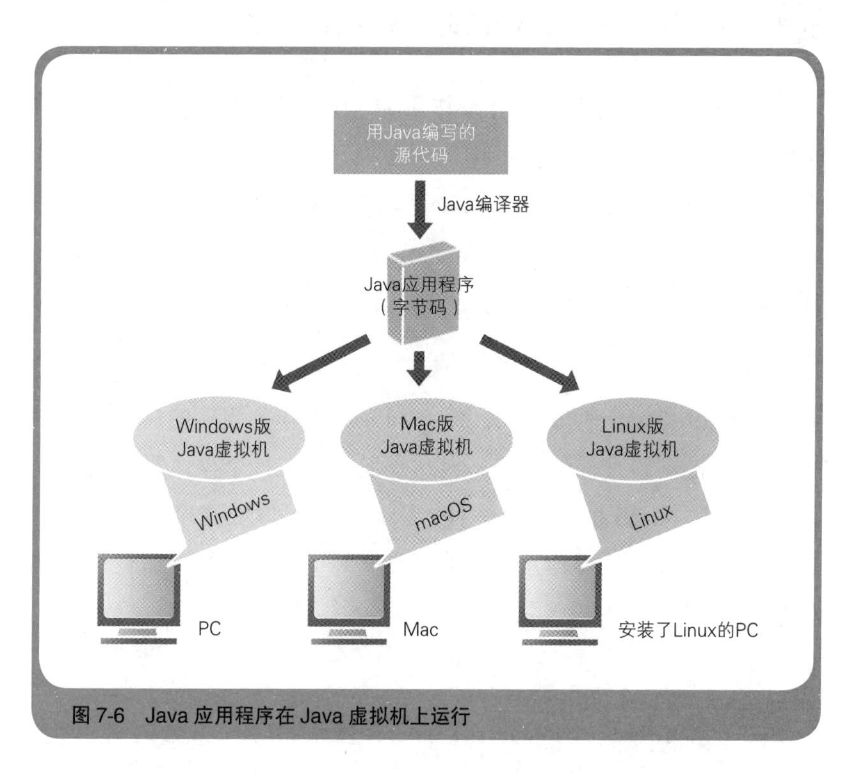

图 7-6 Java 应用程序在 Java 虚拟机上运行

Windows 中有 Windows 版的 Java 虚拟机，Mac 中有 Mac 版的 Java 虚拟机。从操作系统的角度来看，Java 虚拟机也是一种应用程序，但从 Java 应用程序的角度来看，Java 虚拟机就是其运行环境，也就是操作系统 + 硬件的结合体。

然而，看上去好处多多的 Java 虚拟机也有它自己的问题。首先，不同的 Java 虚拟机之间并不能做到完全兼容。Java 虚拟机很难做到运行任何字节码程序这一点。其次是运行速度，需要在运行时将字节码转换成本机代码的 Java 程序，在运行速度上比直接编译成本机代码的 C 语言程序要慢。

7.6 云计算平台提供的虚拟运行环境

通过互联网来使用硬件、操作系统、应用程序等计算机资源的技术称为云计算（cloud computing）。根据其所提供的具体服务，**云计算**可分为 **SaaS**（Software as a Service，软件即服务）、**PaaS**（Platform as a Service，平台即服务）和 **IaaS**（Infrastructure as a Service，基础设施即服务）[①] 几种类型。简单来说，SaaS 提供的是应用程序，PaaS 提供的是操作系统，IaaS 提供的是硬件。

在 SaaS、PaaS 和 IaaS 中，PaaS 和 IaaS 可作为程序的运行环境使用。PaaS 提供的是操作系统，因此我们可以在这个操作系统上运行开发的程序。IaaS 提供的是硬件，因此我们可以在这个硬件上安装 Windows、Linux 等操作系统，然后在安装的操作系统中运行开发的程序。

---

① IaaS 也称为 HaaS（Hardware as a Service，硬件即服务）。

作为 PaaS 和 IaaS 的一个例子，我们来看一看微软公司提供的云计算服务 Microsoft Azure（azure 是蓝天的意思）。Microsoft Azure 的本质是微软公司管理的服务器集群，微软公司将这些服务器集群的部分功能通过互联网租借给用户使用。通过 Microsoft Azure 的定价计算器网页[①]，我们可以了解 PaaS 和 IaaS 所提供的具体服务（图 7-7）。

我们在这个网页上计算一下虚拟机[②]的价格。在“操作系统”中可选择 Windows 或 Linux，在“实例”中可选择 CPU 数量、内存容量、硬盘容量等硬件规格。根据这些选项，微软公司的服务器集群中就可以生成一个虚拟的运行环境。

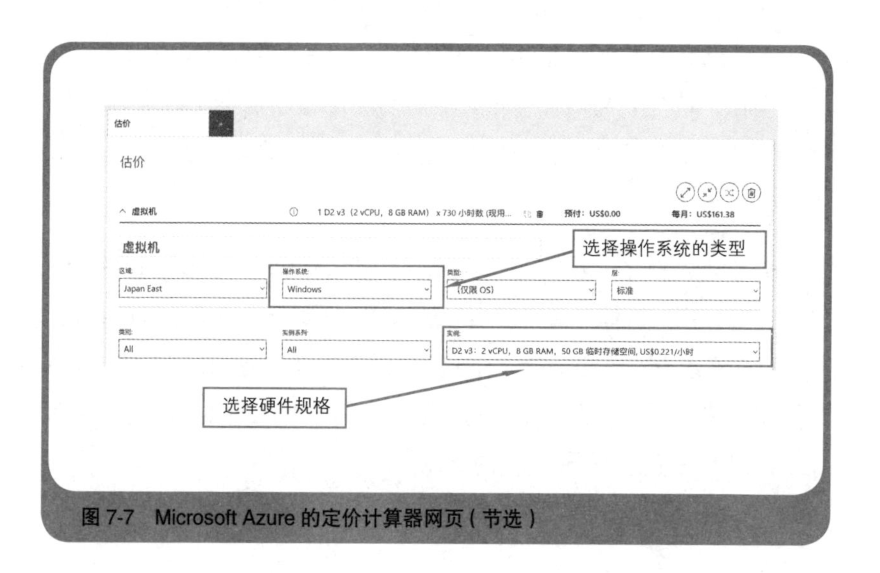

图 7-7　Microsoft Azure 的定价计算器网页（节选）

① 具体请见 ituring.cn/article/510267。

② 这里的虚拟机可由任意操作系统和硬件规格构成。它不是一台真实存在的计算机，而是一个虚拟的运行环境，因此称为虚拟机。

 7.7 BIOS 与引导装入程序

最后再补充一点非常简单（和硬件接近的部分）的内容。程序的运行环境还包括 BIOS（Basic Input Output System，基本输入输出系统）。BIOS 存储在 ROM 中，是预先内置在计算机中的一段程序。BIOS 除了提供键盘和磁盘设备的基本控制程序，还负责启动引导装入程序。**引导装入程序**是存储在启动磁盘开头的一段很短的程序。启动磁盘一般是硬盘，但光盘和 USB 驱动器也可以作为启动磁盘使用。

打开计算机电源后，BIOS 会先检查硬件是否能够正常工作，如果一切正常就启动引导装入程序。引导装入程序的功能是将存储在硬盘上的操作系统加载到内存并运行。启动应用程序是操作系统的工作，而操作系统不能启动自己，因此操作系统的启动需要由引导装入程序来完成。

引导装入程序的英文是 bootstrap loader，其中 bootstrap 指的是靴筒上提靴子用的靴襻。短小的引导装入程序（靴襻）启动（提起来）巨大的操作系统（靴子），bootstrap 这个词表达的就是这个意思（图 7-8）。当操作系统进入工作状态后，程序员就不需要关注 BIOS 和引导装入程序了，但大家还是要知道它们的存在。

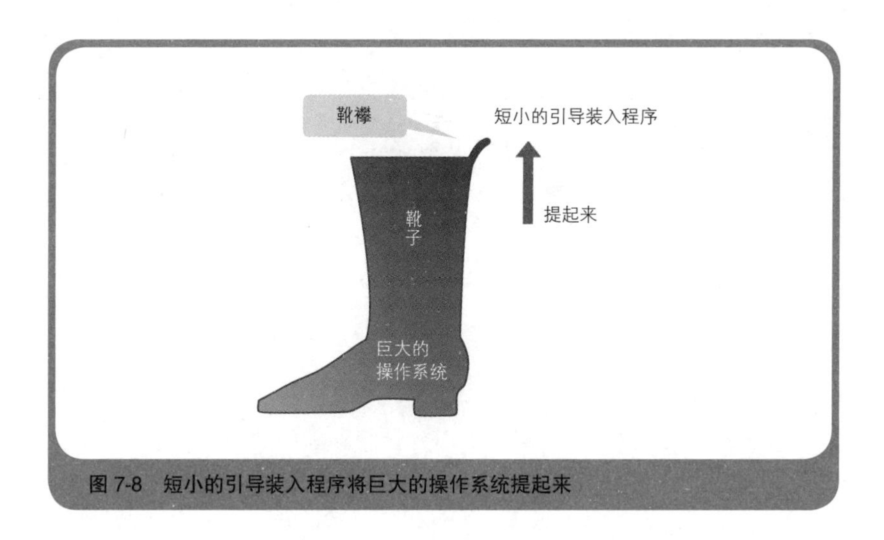

图 7-8 短小的引导装入程序将巨大的操作系统提起来

本章，我们将重点放在了应用程序和操作系统的运行环境上。对于源代码和本机代码，笔者只做了简要介绍。在下一章中，笔者将详细讲解将源代码转换成本机代码的编译过程。

第8章

从源文件到可执行文件

热身准备

进入正题之前，我为大家准备了一些热身问题，大家可以看看自己是否能够准确回答。（这些问题是以在 Windows 环境下使用 C 语言为前提设置的。）

1. CPU 能解释和执行的程序叫什么？
2. 将多个目标文件拼接成一个 EXE 文件的工具叫什么？
3. 扩展名 .obj 的目标文件的内容是源代码还是本机代码？
4. 由多个目标文件打包而成的文件叫什么？
5. 包含 DLL 文件中的函数调用信息的文件叫什么？
6. 程序运行时动态分配的内存空间叫什么？

怎么样？有些问题是不是无法简单回答出来呢？下面给出笔者的答案和解析供大家参考。

答案

1. 本机代码（机器语言代码）
2. 链接器
3. 本机代码
4. 库文件（library file）
5. 导入库（import library）
6. 堆（heap）

解析

1. 对源代码进行编译后可得到本机代码。
2. 通过编译和链接可得到 EXE 文件。
3. 对源文件进行编译可得到目标文件。例如，对源文件 sample.c 进行编译可得到目标文件 sample.obj。目标文件的内容就是本机代码。
4. 链接器会从库文件中提取必要的目标文件并将它们拼接成一个 EXE 文件。在程序运行时进行动态链接的 DLL 文件也属于库文件。
5. 将导入库中的信息链接到 EXE 文件，由此程序就可以在运行时调用 DLL 中的函数了。
6. 堆是一种可以根据程序自身的请求来分配和释放的内存空间。

本章要点

编写好源文件之后，对源文件进行编译和链接就可以生成可执行文件了。编译和链接的操作需要使用编译器和链接器来完成。本章中我们会把重点放在编译器和链接器的功能上，笔者会向大家介绍程序从编写到运行的整个过程。最开始我们会看一下源文件是如何转变成可执行文件的，然后看一看可执行文件加载到内存并运行的内部机制。笔者也会讲解程序运行时在内存中生成的栈和堆分别是什么样的。在这里，我们会看到用 C 语言编译器[①]生成 Windows 可执行文件（EXE 文件）的具体示例，至于其他环境和编程语言，基本原理都是相同的。读懂这些内容基本不需要具备 C 语言的相关知识，请各位放心。

---

① 本书中使用的是 BCC32 编译器。命令行版本的 BCC32 编译器可以从 ituring.cn/article/510267 中提供的网站下载。下面为大家介绍一下安装方法。

(1) 将下载的 BCC102.zip 解压缩到任意目录，下面的步骤均假设解压缩目录为 C:\（C 盘根目录）。

(2) 在 Windows 开始菜单右侧的“在这里输入你要搜索的内容”栏中输入“编辑环境变量”，单击并打开搜索结果中的“编辑环境变量 控制面板”。

(3) 在“环境变量”窗口中，单击选中“用户变量”中的“Path”一项，并单击“编辑”按钮。

(4) 在“编辑环境变量”窗口中，单击“新建”按钮，在弹出的对话框中输入“C:\BCC102\bin”，单击“确定”按钮。

(5) 返回“环境变量”窗口后，单击“确定“按钮。

(6) 使用任意文本编辑器（Windows 记事本等）输入以下内容并另存为 ilink32.cfg 文件。

−L "C:\BCC102\bin\win32c\release;C:\BCC102\lib\win32c\release\psdk"

8.1 计算机只能执行本机代码

首先请大家看**代码清单 8-1**。这是一段用 C 语言编写的 Windows 程序。运行这段程序后会弹出一个消息框[①]，消息框中会显示 123 和 456 的平均值 289.5。代码清单 8-1 的运行结果就是显示出一个**图 8-1** 这样的消息框。这段程序的内容没有什么特别的意义，仅作为示例使用。

代码清单 8-1 显示平均值的程序

```
#include <windows.h>
#include <stdio.h>

// 消息框标题
char* title = "示例程序";

// 返回两个参数平均值的函数                    ┐
double Average(double a, double b) {          │ (1)
    return (a + b) / 2;                       │
}                                             ┘

// 程序运行开始位置的函数                      ┐
int WINAPI WinMain(HINSTANCE h, HINSTANCE d, LPSTR s, int m) {
    double ave;          // 保存平均值的变量
    char buff[80];       // 保存字符串的变量

    // 求出 123 和 456 的平均值
    ave = Average(123, 456);

    // 生成要在消息框中显示的字符串                  (2)
    sprintf(buff, "平均值 = %f", ave); ——— (3)

    // 打开消息框
    MessageBox(NULL, buff, title, MB_OK); ——— (4)

    return 0;
}                                             ┘
```

① 消息框（message box）是一种用来显示简要消息的小对话框。

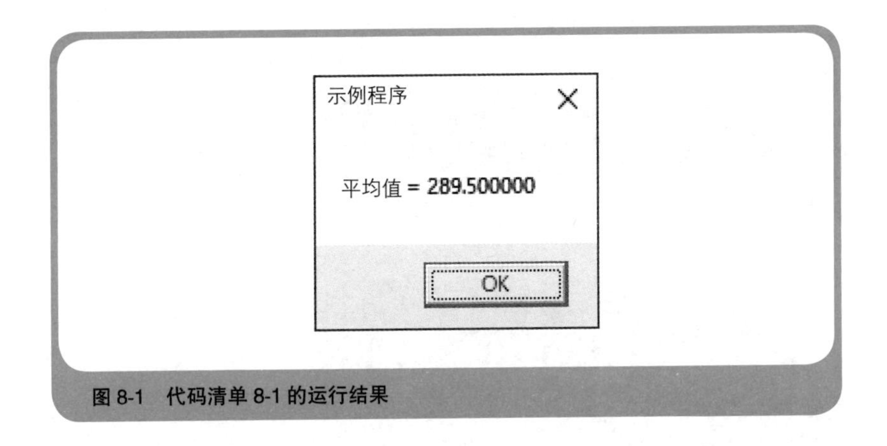

图 8-1　代码清单 8-1 的运行结果

像代码清单 8-1 这样用某种编程语言编写的程序称为**源代码**（source code）[①]，将源代码保存成一个文件就称为**源文件**（source file）。C 语言的源文件扩展名约定为“.c”，因此代码清单 8-1 的文件名为 sample.c。源文件只是一个普通的文本文件，用 Windows 自带的“记事本”等文本编辑器就可以编辑。

代码清单 8-1 的源代码是不能直接运行的，因为 CPU 能直接解释和执行的只有本机代码。CPU 是计算机的大脑，它只能理解本机代码形式的程序。

本机代码的英文是 native code，其中 native 包含母语的意思。对 CPU 来说，用它的母语机器语言来编写的程序就是本机代码。用其他编程语言编写的源代码，必须翻译成本机代码才能够被 CPU 理解和执行（图 8-2）。反过来说，不同编程语言所编写的源代码翻译成本机代码之后就变成了同一种语言（机器语言）。

① 源（source）就是源头的意思，源代码表示“作为源头的代码”，有时也被称为原始程序。

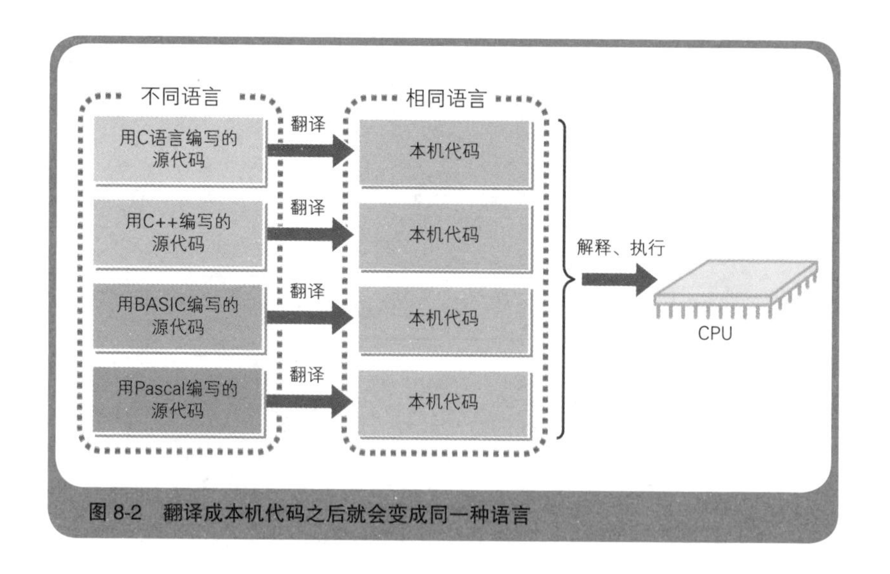

图 8-2 翻译成本机代码之后就会变成同一种语言

8.2 看一看本机代码的内容

Windows 的 EXE 文件中的程序内容就是本机代码。俗话说“百闻不如一见”，下面我们就来看看本机代码是什么样子的。

图 8-3 就是将代码清单 8-1 翻译成本机代码后生成的 EXE 文件（sample.exe）用记事本打开之后的样子。看得出来，本机代码的内容并不是人类能够理解的，所以我们才需要先用人类更容易理解的 C 语言等编程语言来编写源代码，然后将其翻译成本机代码。

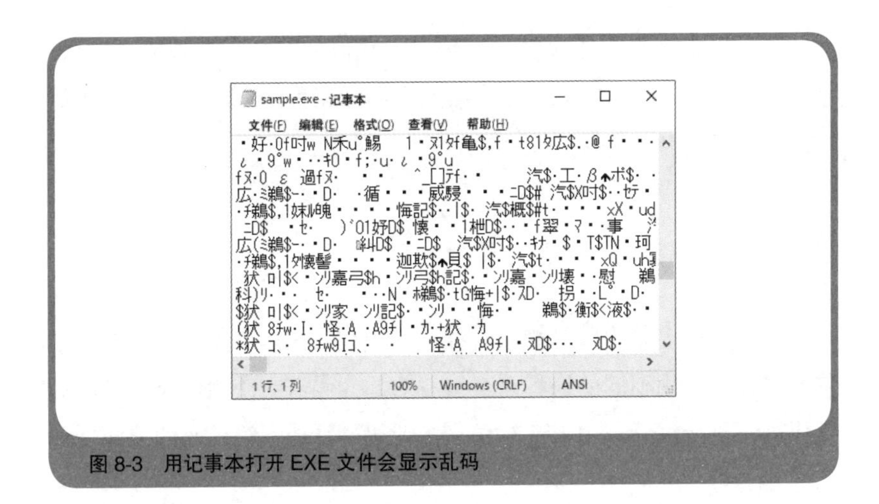

图 8-3 用记事本打开 EXE 文件会显示乱码

下面我们将同一个 EXE 文件的内容进行转储。**转储**（dump）是指将文件内容按 1 字节 2 位十六进制数的形式显示出来。我们发现，本机代码的内容就是数值序列，这就是本机代码的本质。其中每个数值都代表某个指令或者数据（**图 8-4**）。这里笔者使用的是自己编写的转储程序。

图 8-4 本机代码的本质是数值序列

对计算机来说，任何信息都是作为数值的集合来处理的。例如，字符“A”就用十六进制数 41 来表示。同样，程序中的指令也是数值序列。这就是本机代码。

8.3 编译器负责翻译源代码

负责将用 C 语言等高级语言编写的源代码翻译成本机代码的程序称为**编译器**。用不同的编程语言编写的源代码需要使用该语言专用的编译器来进行编译。用于将 C 语言源代码翻译成本机代码的编译器称为 C 编译器[①]。

编译器会读取源代码的内容并将其翻译成本机代码。大家可以大致理解为编译器中有一张源代码和本机代码的对应表，但实际上仅靠对应表是无法生成本机代码的。编译器需要对读取的源代码进行词法分析、语法分析、语义分析等处理，这样才能够生成本机代码。

CPU 的类型不同，其对应的本机代码也不同。因此，不仅不同的编程语言所使用的编译器不同，不同类型的 CPU 所使用的编译器也不同。例如，用于 x86 架构 CPU 的 C 编译器和用于 PowerPC 架构 CPU 的 C 编译器就是不同的。这样其实很方便，因为我们可以将同一段源代码翻译成适配不同 CPU 的本机代码（**图 8-5**）。

编译器本身也是一种程序，因此也有其对应的运行环境。例如，有 Windows 版的 C 编译器，也有 Linux 版的 C 编译器。同时，也有一些编译器本身运行在一种 CPU 上，但它能够生成适配另一种 CPU 的本机代码，这样的编译器称为交叉编译器（cross compiler）。如果要在配

① 对于 C# 和 Visual Basic，编译结果既可以是中间代码（运行时再转换成本机代码），也可以是本机代码。

备了 x86 架构 CPU 的 PC 上制作配备了 PowerPC 架构 CPU 的计算机的程序，就需要使用交叉编译器。

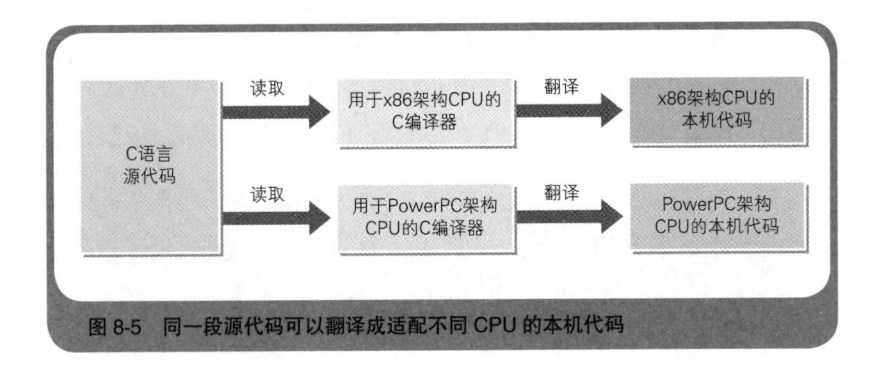

图 8-5 同一段源代码可以翻译成适配不同 CPU 的本机代码

为了避免混乱，我们来整理一下。这里打个比方，我们到商店里购买编译器时，需要告诉店员 3 个信息（**图 8-6**），即要编译用哪种编程语言编写的源代码（例如 C 语言）、编译器生成的本机代码适配的是哪种 CPU（例如 x86 架构 CPU），以及这个编译器是在什么样的环境下使用的（例如 Windows）。当然，一般只要告知对方编译器名称和版本号就足够了。

图 8-6 确定编译器类型的 3 个信息

8.4　仅靠编译无法得到可执行文件

作为源代码的翻译结果，编译器生成的是包含本机代码的文件，但这个文件不能直接运行。要得到可执行的 EXE 文件，在编译之后还需要进行链接操作。下面用 BCC32 实际演示一下编译和链接的过程。

BCC32 编译器是一个名为 bcc32c.exe 的命令行工具[①]。在 Windows 命令提示符中运行以下命令，C 语言源文件 sample.c 就会被编译。

```
bcc32c -W -c sample.c
```

其中，“-W”选项代表编译为 Windows 程序，“-c”选项代表仅执行编译。这里的**选项**（option）指的是对编译器的要求。选项也称为开关（switch）。

编译后生成的并不是 EXE 文件，而是扩展名为“.obj”的**目标文件**（object file）[②]。对 sample.c 进行编译后，会生成名为 sample.obj 的目标文件。虽然目标文件的内容就是本机代码，但不能直接运行，这到底是为什么呢？这是因为此时这个程序还处于不完整的状态。

我们再回顾一下代码清单 8-1 中的源代码。(1) 处的 Average() 函数和 (2) 处的 WinMain() 函数是程序员自行编写的，其内容已经包含在源代码中。Average() 是一个返回两个参数平均值的函数，WinMain() 是程序运行开始位置的函数。除此之外，程序中还调用了 (3) 处的 sprintf() 函数和 (4) 处的 MessageBox() 函数。sprintf() 是一个将数值按

① 命令行工具就是在 Windows 命令提示符中使用的程序。

② 目标文件中的目标（object）指的是编译器的目的、目标。

指定格式转换成字符串的函数，MessageBox() 是用来显示消息框的函数，这两个函数的实际内容并不包含在源代码中。因此，如果不将包含 sprintf() 和 MessageBox() 函数实际内容的目标文件与 sample.obj 拼接在一起的话，就会因为缺少某些函数而无法生成完整的 EXE 文件。

将多个目标文件拼接在一起生成一个 EXE 文件的过程称为**链接**，用于完成这一操作的程序称为**链接器**（又称链接编辑器或链接程序）。BCC32 的链接器是名为 ilink32.exe 的命令行工具。在 Windows 命令提示符中执行以下命令，就可以将所有必要的目标文件链接起来，生成名为 sample.exe 的 EXE 文件。

```
ilink32 -Tpe -c -x -aa c0w32.obj sample.obj, sample.
exe,, import32.lib cw32.lib
```

※ 由于命令比较长，此处进行了换行，大家在输入时请不要换行

8.5 启动代码与库文件

链接时的选项“-Tpe -c -x –aa”代表要生成用于 Windows 的 EXE 文件。在这些选项后面，我们指定了要链接的目标文件。可以看到指定了 c0w32.obj 和 sample.obj 这两个目标文件。其中，sample.obj 是 sample.c 编译后生成的目标文件，c0w32.obj 包含了一些通用代码，需要链接在所有程序的开头，这些代码被称为**启动代码**（startup code）。因此，即便一个程序没有调用位于其他目标文件中的函数，也必须链接启动代码。c0w32.obj 是由 BCC32 提供的。如果将 BCC32 解压缩到 C:\ 目录的话，c0w32.obj 就位于 C:\BCC102\lib\win32c\release 目录中。

可能有人会想："链接时不需要指定 sprintf() 和 MessageBox() 对应的目标文件吗?"不必担心，在链接命令的末尾我们还指定了 import32.lib 和 cw32.lib 这两个扩展名为".lib"的文件。sprintf() 的目标文件位于 cw32.lib 中，MessageBox() 的目标文件位于 import32.lib 中（实际上，MessageBox() 的目标文件位于 user32.dll 这个 DLL 文件中。关于这一点笔者稍后会讲解）。

import32.lib 和 cw32.lib 这样的文件称为库文件。**库文件**是由多个目标文件打包而成的。在链接时指定库文件，链接器就可以从中提取所需的目标文件，并将其与其他目标文件一起链接生成 EXE 文件。

之前讲过，sample.obj 是不完整的本机代码，这是因为 sample.obj 中包含"需要链接 sprintf() 和 MessageBox()"这样的信息，这表示程序需要这两个函数的代码才能运行。下面我们试一下在链接时不指定这两个库文件会发生什么。

```
ilink32 -Tpe -c -x -aa c0w32.obj sample.obj, sample.exe
```

在命令提示符中执行上面的命令，链接器会显示**图 8-7** 中的错误信息（实际上显示出的错误信息更多，此处进行了省略）。

```
Error: Unresolved external '_sprintf' referenced from C:\NIKKEIBP\SAMPLE.OBJ
Error: Unresolved external 'MessageBoxA' referenced from C:\NIKKEIBP\SAMPLE.OBJ
```

图 8-7　链接器的错误信息（节选）

这些错误信息表示无法解析 sample.obj 所需的外部符号。**外部符号**

（external symbol）是指位于其他目标文件中的变量和函数。_sprintf 和 MessageBoxA 就是 sprintf() 和 MessageBox() 在目标文件中的名称。至于为什么源代码中的函数名和目标文件中的函数名有所不同，大家不妨认为这是 C 编译器的一种特殊规定。错误信息中的“无法解析外部符号”的意思是因为找不到包含目标变量和函数的目标文件而无法完成链接。

sprintf() 等函数并不包含在源代码中，而是以库文件的形式随编译器一起被分发的。这样的函数称为**标准函数**。使用库文件可以避免在链接器的参数中指定一大堆目标文件。如果程序中调用了几百个标准函数，就需要在链接器的命令行参数中指定几百个目标文件，那就太麻烦了。与之相对，一个库文件中可以打包很多个目标文件，因此我们在链接器的命令行参数中只要指定几个库文件就够了。

将目标文件打包成库文件的形式分发还有另外一个好处，那就是可以隐藏标准函数的源代码。标准函数的源代码中包含了编译器开发者的技术和经验，是一项宝贵的资产。源代码被其他公司盗用就可能会带来损失。

8.6 DLL 文件与导入库

Windows 操作系统中包含可供应用程序使用的各种功能，这些功能都是以函数的形式来提供的，这样的函数称为 Windows API（Application Programming Interface，应用程序接口）。例如，sample.c 中调用的 MessageBox() 并不是 C 语言规范中的标准函数，而是 Windows 提供的 API 的一部分。MessageBox() 函数提供了显示消息框的功能。

Windows API 的目标文件通常不是以库文件的形式存在的，而是以一种称为 **DLL（动态链接库）**的特殊库文件的形式存在的。正如其名称中的“动态”一词所表示的那样，DLL 文件是在程序运行时才进行链接的。之前讲过，MessageBox() 的目标文件位于 import32.lib 中，但实际上 import32.lib 中只包含 MessageBox() 位于 DLL 文件 user32.dll 中这一信息，以及这个 DLL 文件所在的目录，并不包含 MessageBox() 的目标文件本身。像 import32.lib 这样的库文件称为**导入库**。

与之相对，包含目标文件本身，可以直接链接到 EXE 文件的库文件称为**静态链接库**（static link library），其中“静态”与“动态”是一对反义词。sprintf() 的目标文件所在的 cw32.lib 就属于静态链接库。sprintf() 函数提供了将数值按指定格式转换成字符串的功能。

将导入库链接到 EXE 文件，就相当于链接了运行时从 DLL 文件中调用 MessageBox() 函数所需的信息。因此，链接器在链接时不会报错，成功生成了 EXE 文件。

根据上面的内容，笔者将 Windows 中编译和链接的过程总结了一下。具体请见**图 8-8**。

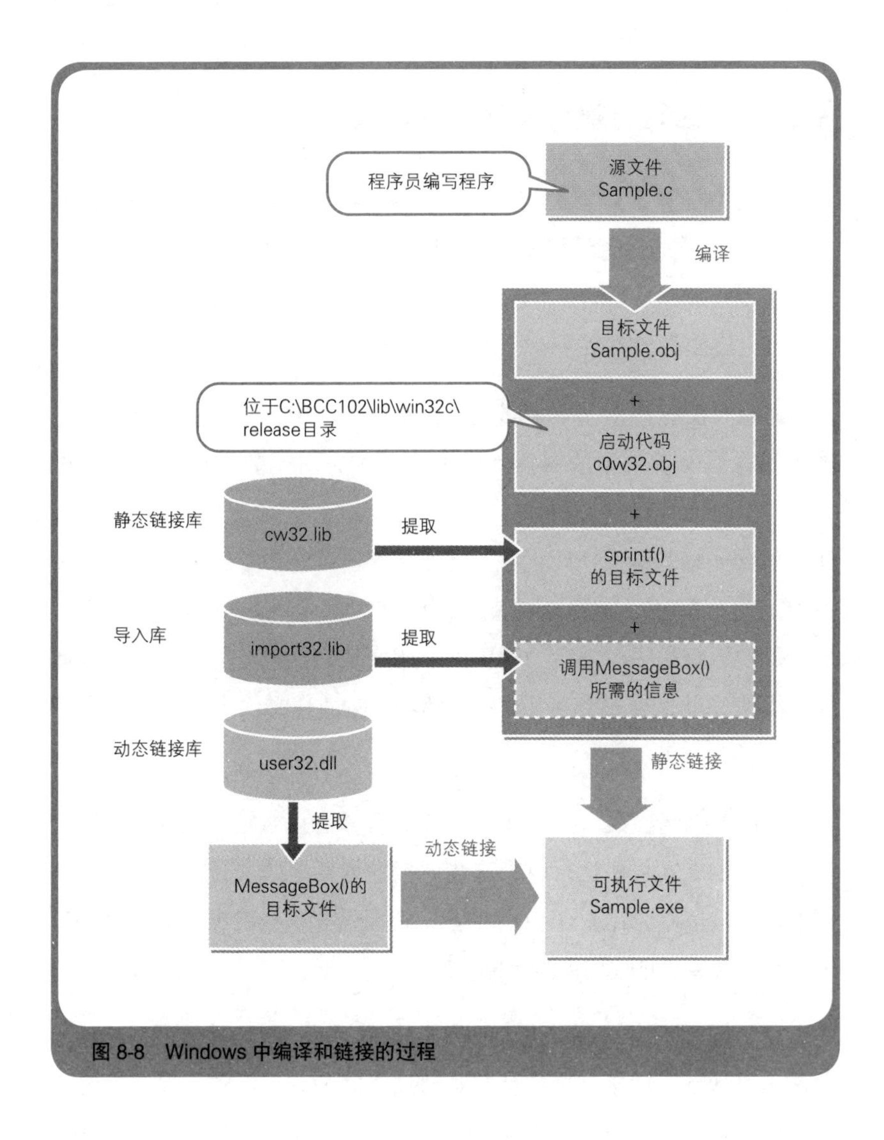

图 8-8　Windows 中编译和链接的过程

8.7　运行可执行文件需要什么

前面我们学习了程序是如何通过编译和链接生成 EXE 文件的，但关于 EXE 文件的运行过程还没有了解。EXE 文件作为一个独立的文件存储在硬盘中，当我们在资源管理器中双击 EXE 文件时，EXE 文件中的内容会被加载到内存并运行。

大家有没有产生一个疑问呢？在本机代码中，对变量的读写是通过访问存放变量数据的内存地址来实现的，对函数的调用也是通过让程序流程跳转到存放函数体的内存地址来实现的。尽管 EXE 文件中包含完整的本机代码程序，但变量和函数在内存中的实际地址是不确定的。像 Windows 这种支持同时加载多个可执行程序的操作系统，每次运行程序时都会为程序内部的变量和函数分配不同的内存地址。既然如此，变量和函数的内存地址在 EXE 文件中又是如何表示的呢？

下面来揭晓答案。在 EXE 文件中，变量和函数被分配的内存地址都是虚拟的，在程序运行时，这些虚拟的内存地址会转换成实际的内存地址。链接器会在 EXE 文件的开头记录需要进行内存地址转换的各个位置，这些信息被称为**重定位信息**。

在 EXE 文件中，重定位信息中记录的是变量和函数的相对地址。所谓相对地址，就是某个地址与基地址之间的相对距离，也就是偏移量。要想使用相对地址，就需要进行一些额外的处理。在源代码中，变量和函数都是分散在各个位置的，但在链接后的 EXE 文件中，变量和函数会被集中起来分成两组连续排列。于是，每个变量的内存地址就可以表示为该变量相对于变量区起始位置的偏移量，每个函数的内存地址也可以表示为该函数相对于函数区起始位置的偏移量。每个区的基地址是在程序运行时确定的（**图 8-9**）。

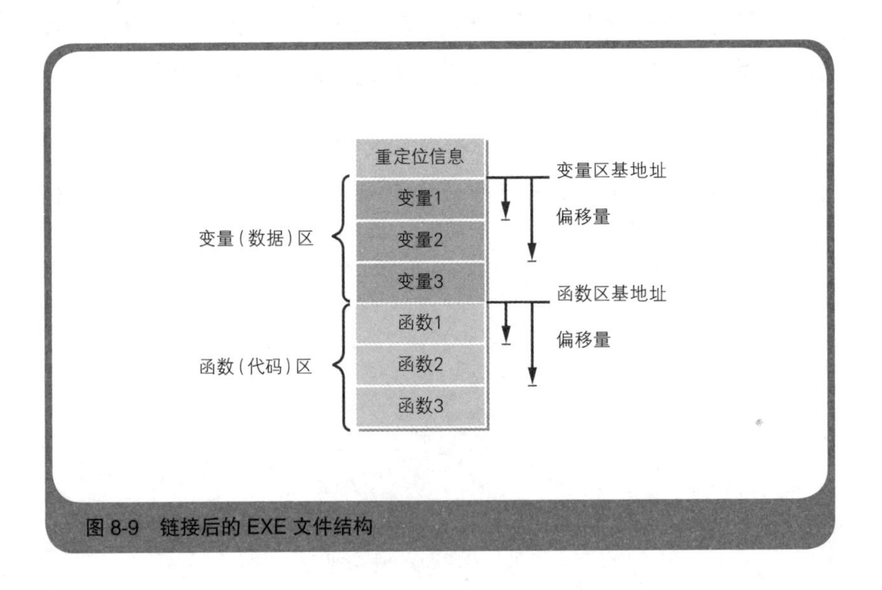

图 8-9 链接后的 EXE 文件结构

8.8 加载时生成的栈和堆

现在我们知道，EXE 文件的内容分为重定位信息、变量区和函数区。但是，在加载程序的内存空间中，还会生成另外两个区域，它们就是栈和堆。**栈**是用来存放函数内部临时使用的变量（局部变量[①]）以及调用函数时传递的参数等数据的内存空间。**堆**是在程序运行时用来存放任意数据的内存空间。

① 局部变量是仅当函数被调用时才在内存中存在的变量。例如，在代码清单 8-1 中，WinMain 函数中的 ave 和 buff 都是局部变量。全局变量则是程序运行时一直在内存中存在的变量。在代码清单 8-1 中，函数外面的 title 就是全局变量。实际上 title 并不需要被声明为全局变量，这里只是为了讲解方便才特地声明为全局变量的。

EXE 文件中并不包含栈和堆的区域，EXE 文件加载到内存并运行的那一刻，栈和堆所需的内存空间才得到分配。因此，内存中的程序是由变量空间、函数空间、栈空间和堆空间共 4 个区域组成的。当然，内存中还有另外一块专门用于加载 Windows 操作系统的空间（图 8-10）。

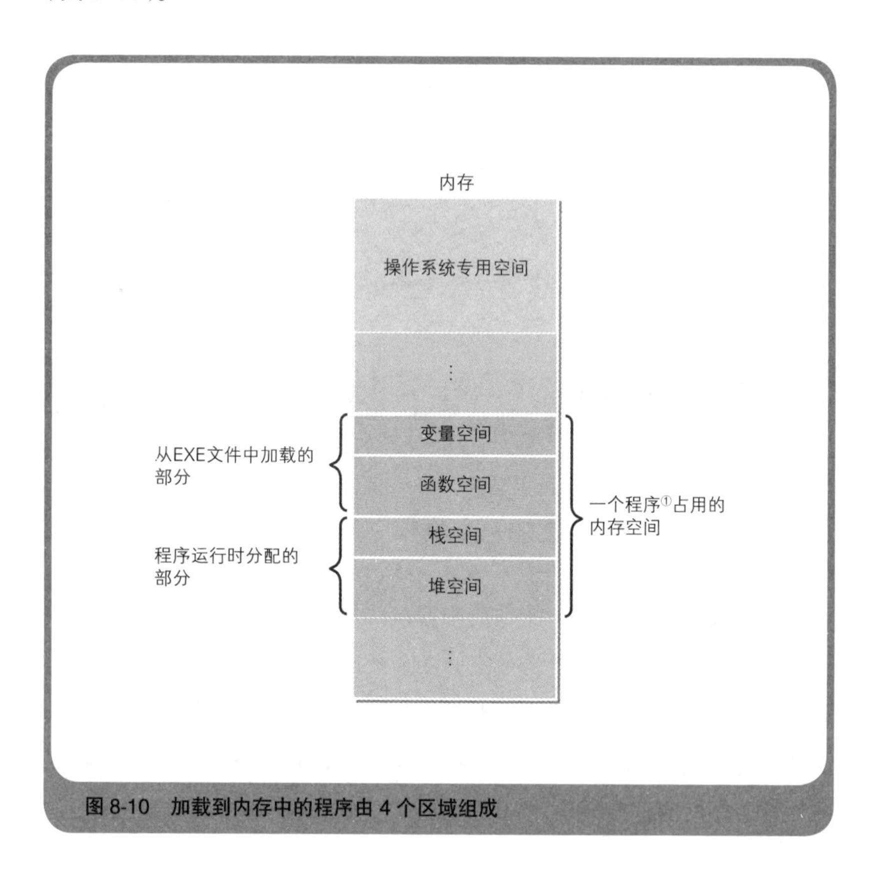

图 8-10 加载到内存中的程序由 4 个区域组成

① 任何程序的内容都是由代码和数据构成的。在很多编程语言中，函数代表代码，变量代表数据。

栈和堆都是在程序运行时分配的内存空间，在这一点上两者是相似的[①]。但是，两者在对内存的使用方法上稍有区别。栈数据的存放和丢弃（清空操作）是由编译器自动生成的代码来完成的，不需要程序员关注。一个函数被调用时，会自动分配栈空间来存放数据，并在函数执行完毕返回时自动释放。与之相对，内存中的堆空间需要程序员通过程序显式地进行分配和释放。

对于堆空间的分配和释放，各种编程语言都有不同的写法。在C语言中，堆空间可以使用malloc()函数来进行分配，使用free()函数来进行释放。在C++中，堆空间可以使用new运算符来进行分配，使用delete运算符来进行释放。无论是C语言还是C++，如果不在程序中显式地释放堆空间，那在程序运行结束后，这些空间就依然处于占用状态。这一现象称为**内存泄漏**（memory leak），是使用C语言和C++的程序员都十分畏惧的一种bug（程序错误）。如果内存泄漏一直存在，就有可能造成内存不足，从而导致宕机。这有点像水龙头嘀嗒嘀嗒地漏水，经过一夜之后不仅装满了水桶，还溢到了外面。

8.9 进阶问答

问：编译器和解释器的区别是什么？

答：编译器是在程序运行之前对整个源代码进行翻译，而解释器则是在程序运行时对源代码逐行进行翻译。一般来说，C语言和C++都属于编译型语言，第12章中提到的Python则属于解释型语言。

---

① 栈和堆的大小可以由程序员来指定。在用高级编程语言编写程序时，编译器会自动生成用于指定栈空间和堆空间大小的代码并将其添加到程序中。

问：什么是多文件编译？

答：**多文件编译**是指将一个程序分为多个源文件，并对其分别进行编译，最后合并生成一个 EXE 文件。这样做的好处是可以缩短单个源文件的长度，方便对程序代码进行管理。

问：什么是构建（build）？

答：在某些开发工具中，点击菜单中的“构建”命令就可以生成 EXE 文件。在这里，**构建**就是指连续执行编译和链接这两个操作。

问：使用 DLL 文件有什么好处？

答：DLL 文件中的函数可以被多个程序共享，从而节约内存和磁盘空间。此外还有一个好处，即如果修改了函数的内容，则不需要重新链接（静态链接）调用该函数的程序[①]。

问：不链接导入库，就无法调用 DLL 文件中的函数吗？

答：即使不链接导入库，程序也可以使用 LoadLibrary() 和 GetProcAddress() 等 API 在运行时调用 DLL 文件中的函数，但使用导入库比较简单。

问：我听说过重叠链接（overlay link）这个词，它是什么意思呢？

答：它是指将不会同时运行的函数交替加载到同一内存地址来运行。重叠链接可以使用重叠链接器（overlay linker）这一特殊的链接器来实现，在还没有虚拟内存机制的 MS-DOS 时代比较常见。

问：什么是“垃圾收集”？听说和内存管理有关。

---

① 关于多个程序共享 DLL 文件的相关内容，第 5 章中已进行讲解。

答：**垃圾收集**（garbage collection）是指将堆空间中已经不再需要的数据进行清理，从而释放被占用的内存空间。这里将不再需要的数据比作垃圾。在 Java、C# 等编程语言中，程序会在运行时自动执行垃圾收集，这一机制是为了防止程序员粗心（忘记释放内存）导致的内存泄漏。

第9章

操作系统与应用程序的关系

热身准备

进入正题之前，我为大家准备了一些热身问题，大家可以看看自己是否能够准确回答。

1. 监控程序（monitor program）的主要功能是什么？
2. 在操作系统上运行的程序叫什么？
3. 调用操作系统提供的功能叫什么？
4. Windows 10 是多少位的操作系统？
5. GUI 的全称是什么？
6. WYSIWYG 的全称是什么？

怎么样？有些问题是不是无法简单回答出来呢？下面给出笔者的答案和解析供大家参考。

1. 加载并运行程序
2. 应用程序
3. 系统调用
4. 32 位或 64 位
5. Graphical User Interface（图形用户界面）
6. What You See Is What You Get（所见即所得）

解析

1. 监控程序可以说是操作系统的原型。
2. 文字处理软件、表格处理软件等都属于应用程序。
3. 应用程序通过系统调用来间接地控制硬件。
4. Windows 10 有 32 位和 64 位两种版本。
5. 可以通过用鼠标点击屏幕上的窗口、图标等可视化方式进行操作的用户界面。
6. WYSIWYG 的意思是，显示器上显示的东西可以直接通过打印机打印出来，即“所见即所得”，这是 Windows 的特点之一。

本章要点

大家在计算机上运行程序大多是为了提高工作效率。例如，Microsoft Word 之类的文字处理软件是一种能够提高文本处理效率的程序，Microsoft Excel 之类的表格处理软件是一种能够提高表格计算效率的程序。像文字处理软件、表格处理软件之类的能够提高特定工作效率的程序统称为应用程序。

通常，程序员的工作就是编写各种提高工作效率的应用程序，而对于作为应用程序运行环境的操作系统，人们则是直接使用市场上成型的产品。但是，我们不能在忽略操作系统的情况下编写应用程序，因为程序员在编写应用程序时需要使用操作系统提供的功能。本章，笔者将介绍操作系统有什么作用以及应用程序是如何使用操作系统的功能的。本章以大多数读者使用的 Windows 操作系统为例来进行讲解。

9.1 从历史发展看操作系统的功能

首先，我们来简单回顾一下操作系统[①]的历史，并借此来了解一下操作系统到底是一种怎样的软件。

很久以前操作系统还不存在的时候，程序员需要从零开始编写能够完成各种操作的程序。这实在是太麻烦了。于是，有人开发了操作系统的原型，这是一种只具备加载和运行程序功能的**监控程序**。只要先启动监控程序，就可以根据需要将各种程序加载到内存中并运行。比起从零开始开发程序，这已经方便很多了（**图 9-1**）。

① 操作系统（Operating System，OS）也被称为基础软件，它是负责控制计算机工作的程序以及为用户提供基本操作环境的软件的统称。在操作系统中运行的程序则统称为应用程序。

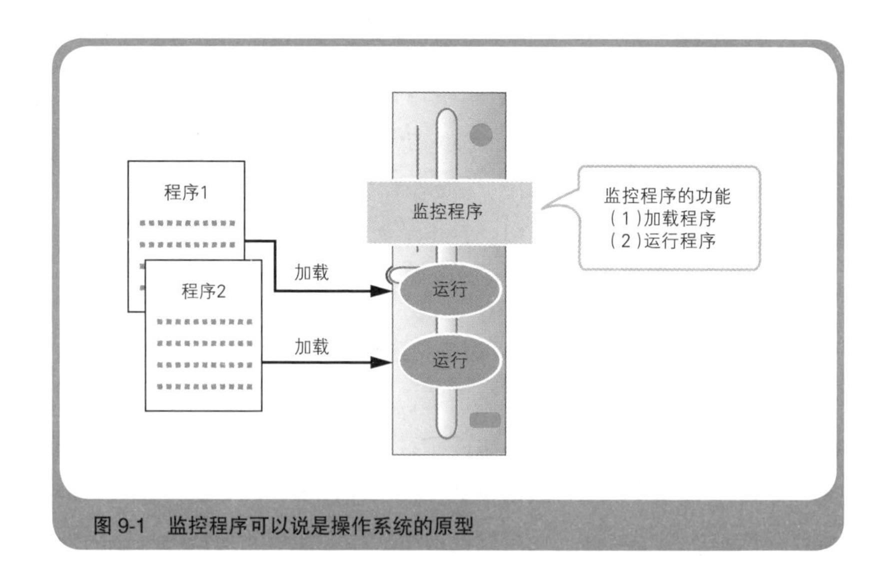

图 9-1 监控程序可以说是操作系统的原型

随着时代的进步，人们在使用监控程序的前提下开发了各种程序，并在此过程中发现了很多程序通用的部分。例如，从键盘输入字符，将字符输出到屏幕的部分等。即使程序的类型不同，这些部分的逻辑往往也是通用的。如果每次编写新的程序都要重新编写这部分逻辑，就太浪费时间了，因此人们将提供基本输入输出功能的程序添加到了监控程序中，这就是早期的操作系统（图 9-2）。

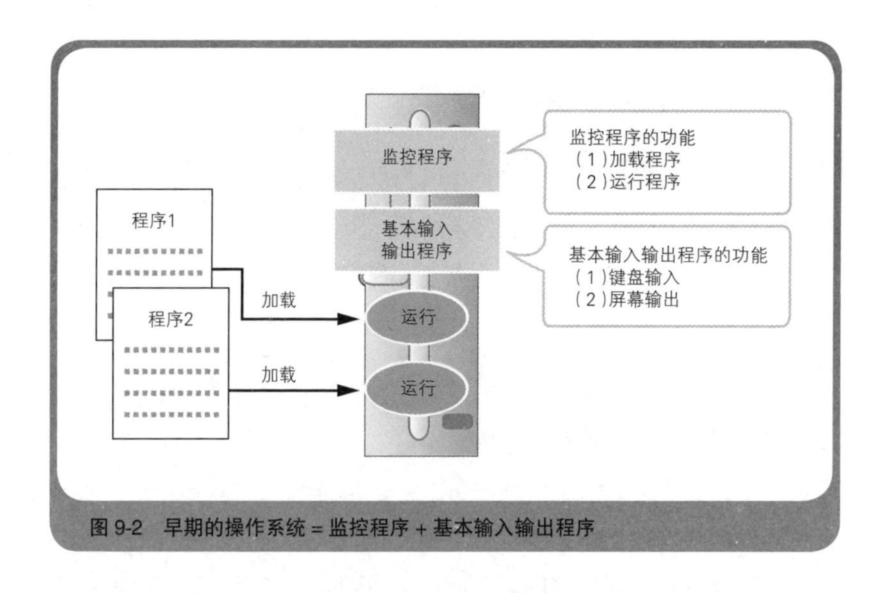

图 9-2 早期的操作系统 = 监控程序 + 基本输入输出程序

随着时代的进一步发展，为了给程序员提供便利，人们又在操作系统中增加了硬件控制程序、语言处理器（汇编器、编译器、解释器）以及各种工具，使其最终形成了接近现代操作系统的形态。操作系统不是一个单独的程序，而是多个程序的集合体（图 9-3）。

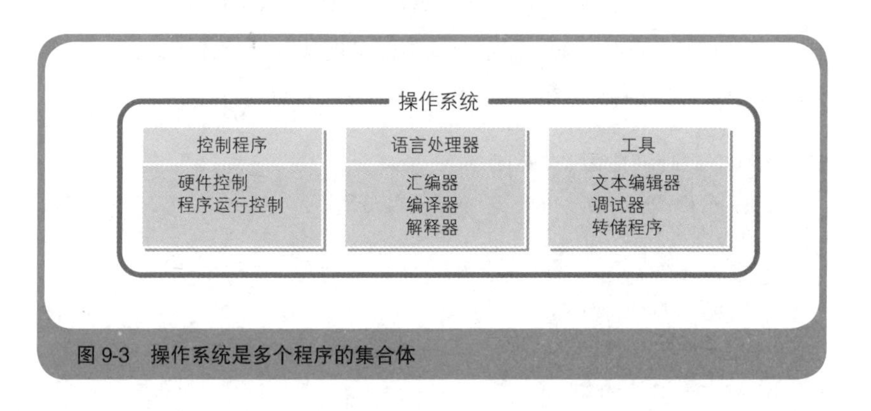

图 9-3 操作系统是多个程序的集合体

9.2 关注操作系统的存在

编写应用程序的程序员需要意识到自己所编写的程序并不是直接使用硬件的功能，而是使用操作系统的功能。程序员当然要具备硬件的基础知识，但由于操作系统的存在，程序员并不需要编写直接访问硬件的程序。

操作系统的出现使程序员不必关注硬件，这也使程序员的人数大大增多。很多不了解硬件的“技术小白”也可以编写出像样的应用程序。但是，要成为高水平的程序员，必须具备硬件的基础知识，还要知道硬件的功能由操作系统进行了抽象化，从而提高了编程效率这一事实，不然一旦遇到某些问题，就很难找到合适的解决方案。操作系统让程序员的工作变得更轻松了，但程序员光享受轻松是不行的，要先知道这份轻松从何而来，然后再去享受它。

下面就来讲一讲操作系统的出现是如何让程序员的工作变轻松的。**代码清单 9-1** 是一段 C 语言程序，它的功能是在 Windows 操作系统中显示当前时间。其中，time() 是获取当前日期和时间的函数，printf() 是将字符串显示在屏幕上的函数。程序运行结果如**图 9-4** 所示。

代码清单 9-1 显示当前时间的应用程序

```
#include <stdio.h>
#include <time.h>

int main() {
    // 存放日期和时间的变量
    time_t tm;

    // 获取当前日期和时间
    time(&tm);

    // 将日期和时间显示在屏幕上
```

```
    printf("%s\n", ctime(&tm));

    return 0;
}
```

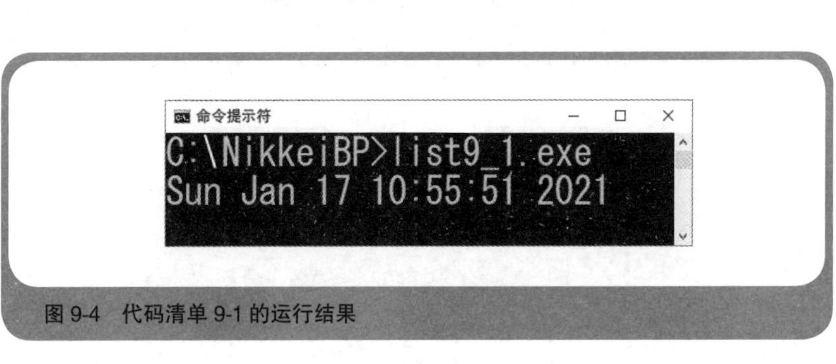

图 9-4　代码清单 9-1 的运行结果

代码清单 9-1 中的程序在运行时，会按照以下步骤完成对硬件的访问。

（1）time_t tm; 语句为 time_t 类型的变量分配内存空间

（2）time(&tm); 语句将当前日期和时间数据存放到内存中

（3）printf("%s\n", ctime(&tm)); 语句将变量所在内存空间的内容输出到屏幕上

这个程序的可执行文件是计算机 CPU 能够直接解释和执行的本机代码，但这段本机代码并不会直接访问计算机的时钟芯片、显示器 I/O 等硬件。那么，代码清单 9-1 中的程序到底是如何访问硬件的呢？

在操作系统环境中运行的应用程序并不会直接访问硬件，而是通过操作系统间接地访问硬件。无论是声明变量分配内存空间，还是

time() 函数和 printf() 函数的运行结果，都并非直接作用于硬件，而是作用于操作系统。操作系统接受并解析来自应用程序的请求，然后分别访问时钟芯片（实时时钟[①]）和显示器 I/O（图 9-5）。

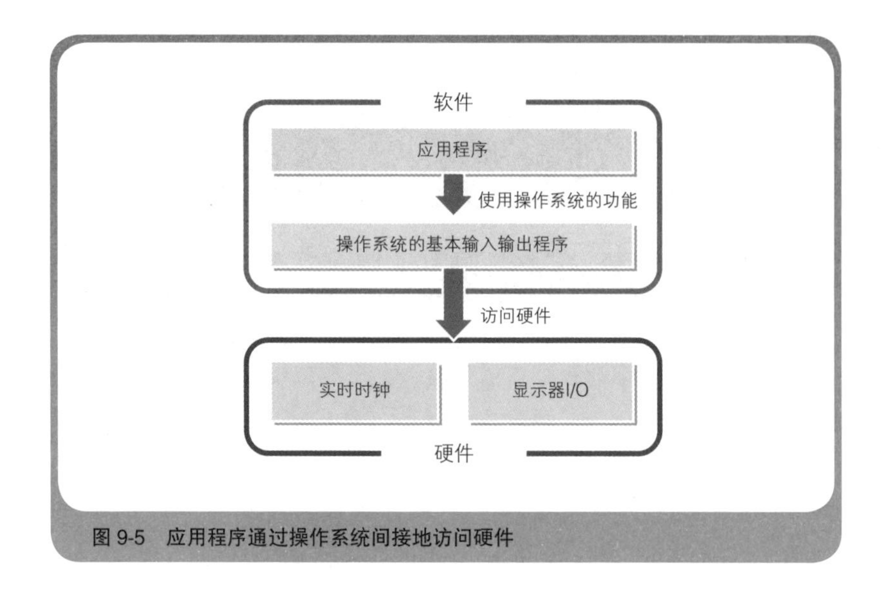

图 9-5 应用程序通过操作系统间接地访问硬件

9.3 系统调用与高级编程语言的可移植性

操作系统的硬件访问功能通常会以大量小型函数的集合体的形式来提供。这些函数及调用这些函数的行为统称为**系统调用**（sytem call）[②]，也就是应用程序调用（call）操作系统（system）的功能。前面的程序中所使用的 time() 函数和 printf() 函数，其内部也使用了系统调用。

① 在计算机中有一块称为实时时钟（real-time clock）的计时芯片。本书中所说的时钟芯片，指的就是实时时钟。

② Windows 中也将操作系统提供的函数称为 API，将调用 API 的行为称为 API 调用。

这里我们之所以说“内部”，是因为在 Windows 操作系统中，用来返回当前日期和时间的系统调用，以及在屏幕上显示字符串的系统调用，并不是我们所使用的 time() 和 printf()。time() 和 printf() 内部使用了系统调用去完成相应的功能。这看起来是一种绕弯子的方法，但其实这样做是有道理的。

C 语言等高级编程语言不依赖于特定操作系统。无论是 Windows 还是 Linux，基本可以使用相同的源代码。要实现这一点，在高级编程语言中就需要使用专用的函数名，并在编译时将其转换成对应操作系统的系统调用（或多个系统调用的组合）。也就是说，用高级编程语言编写的程序在编译后会变成包含系统调用的本机代码（**图 9-6**）。

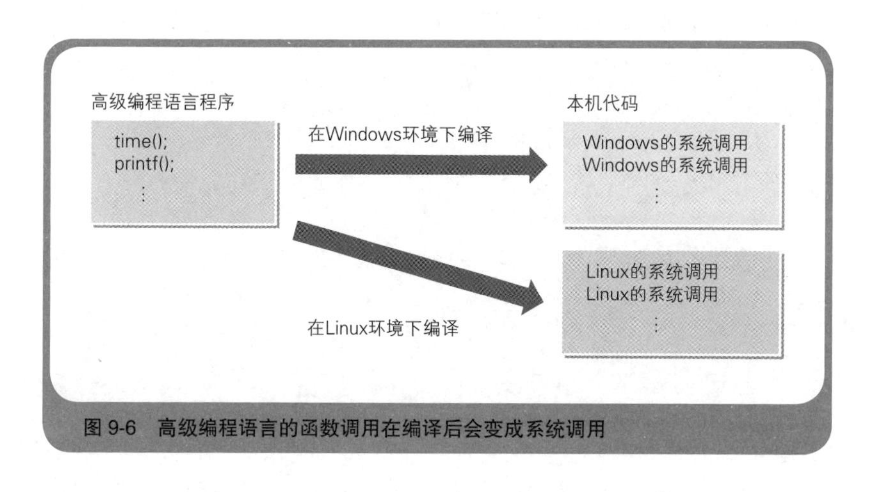

图 9-6　高级编程语言的函数调用在编译后会变成系统调用

也有一些高级编程语言支持直接进行系统调用，但是以这种风格编写的程序，其可移植性[①]很差。例如，直接使用 Windows 系统调用的程序肯定无法在 Linux 中运行。

① 可移植性是指让同一个程序在不同操作系统中运行的难易程度。

 9.4　操作系统和高级编程语言对硬件进行了抽象化

通过操作系统提供的系统调用，程序员就不需要编写直接访问硬件的程序了。而且，使用高级编程语言编程也使程序员不需要关注系统调用的存在。操作系统和高级编程语言对硬件进行了抽象化，这真是太棒了。

下面我们来看一个硬件抽象化的具体例子。**代码清单 9-2** 是一段向文件中写入字符串的 C 语言程序。fopen() 是打开文件的函数，fputs() 是向文件中写入字符串的函数，fclose() 是关闭文件的函数[①]。

代码清单 9-2　向文件中写入字符串的应用程序

```
#include <stdio.h>

int main() {
    // 打开文件
    FILE *fp = fopen("MyFile.txt", "w");

    // 向文件中写入字符串
    fputs(" 你好 ", fp);

    // 关闭文件
    fclose(fp);

    return 0;
}
```

将这个程序编译运行后，我们会得到一个名为 MyFile.txt 的文件，其中写入的内容为“你好”。文件实际上就是操作系统将磁盘空间抽象化之后的形态。在第 5 章中我们讲过，从硬件的角度来说，磁盘表面像树木的年轮一样被划分为扇区，数据的读写是以扇区为单位来进行

① fopen()、fputs() 和 fclose() 的函数名分别代表 file open、file put string 和 file close，其中 string 是字符串的意思。

的。如果要直接访问硬件的话，就需要向磁盘 I/O 指定扇区的位置来读写数据。

然而，在代码清单 9-2 的程序中，并没有出现扇区之类的东西。fopen() 的参数只有文件名 "MyFile.txt" 以及用来表示写入的 "w"。fputs() 的参数只有要写入文件的字符串 " 你好 " 以及 fp。fclose() 的参数只有 fp 而已。由此可见，在读写磁盘媒体时，我们采用了文件的概念，将磁盘读写的操作抽象成打开文件 fopen()、写入数据 fputs() 和关闭文件 fclose() 这几个步骤（图 9-7）。

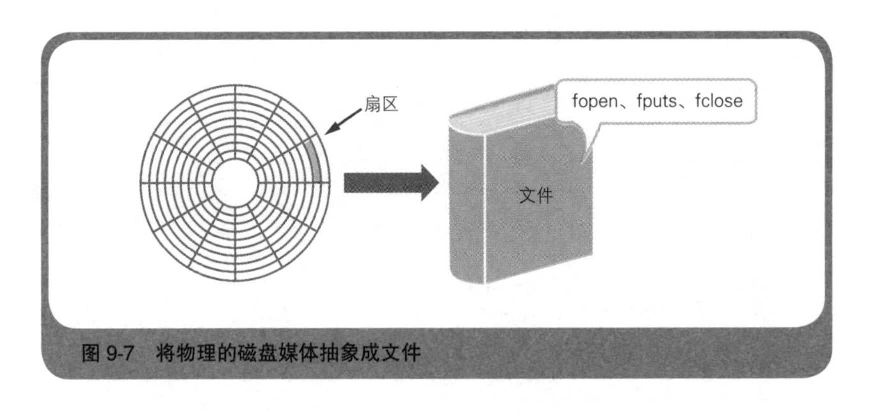

图 9-7 将物理的磁盘媒体抽象成文件

下面来讲一讲代码清单 9-2 中出现的变量 fp 的作用。变量 fp 中存放的是 fopen() 函数的返回值，这个值称为**文件指针**（file pointer）。当应用程序打开文件时，操作系统会自动分配用于管理文件读写的内存空间，这块内存空间的地址可以通过 fopen() 函数的返回值获取。用 fopen() 打开文件后，就可以通过指定文件指针来操作文件了。因此，fputs() 和 fclose() 的参数中都需要指定文件指针（变量 fp）。

但是，对于管理文件读写的内存空间的内容和位置，程序员并不需要关心，只要知道“用于操作磁盘媒体的信息存放在内存中的某个地方”就可以编写程序了。

 9.5 Windows 操作系统的特点

各位读者之中，很多人应该使用的是 Windows 操作系统。因此，接下来笔者以 Windows 为例，详细介绍一下操作系统所具备的功能。Windows 操作系统的主要特点如下。

(1) 有 32 位和 64 位两个版本

(2) 通过 API 函数集提供系统调用

(3) 采用 GUI

(4) 能以 WYSIWYG[①] 的方式打印输出

(5) 提供多任务功能

(6) 提供网络和数据库功能

(7) 可通过即插即用自动安装设备驱动程序

上面我们只是列举了一些对程序员来说有意义的特点。下面将按顺序讲一讲 Windows 的这些特点对编程有怎样的影响。

① WYSIWYG 是“What You See Is What You Get”（所见即所得）的缩写，意思是屏幕上显示的文字和图像（What You See）可以按原样（Is）打印出来（What You Get）。

(1) 有 32 位和 64 位两个版本

Windows 有 32 位和 64 位两个版本，用户可以任意进行选择。这里的 32 位或 64 位，指的是能够最为有效地进行处理的数据长度。Windows 处理数据的基本单位，对 32 位版来说就是 32 位，对 64 位版来说就是 64 位。但是，64 位版 Windows 中也可以运行 32 位版 Windows 的应用程序，因此目前，为了保证兼容性，很多应用程序是 32 位的，很多 C 编译器生成的也是适配 32 位 CPU 的本机代码。很多人可能使用的是 64 位版的 Windows，但是在开发应用程序时需要注意在大多数情况下还是要以 32 位版来分发。

(2) 通过 API 函数集提供系统调用

Windows 是通过名为 API 的函数集来提供系统调用的。API 是连接应用程序开发者与操作系统的窗口（接口），因此得名 API。

32 位版 Windows 的 API 称为 Win32 API，64 位版 Windows 的 API 称为 Win64 API。开发 32 位版应用程序应使用 Win32 API。在 Win32 API 中，每个函数的参数和返回值的数据长度基本上是 32 位。

API 是以若干 DLL 文件的形式来提供的，每个 API 的本体都是 C 语言编写的函数，因此 C 语言程序很容易使用这些 API。本书的示例程序中所提到的 API 有 MessageBox()，它位于 Windows 提供的 user32.dll 这个 DLL 文件中。正如 user32.dll 中的 32 所表示的那样，其中包含了 Win32 API。

(3) 采用 GUI

GUI 是指能够通过用鼠标点击屏幕上的窗口、图标等元素来进行可视化操作的用户界面。对用户来说，GUI 就是图形和鼠标，而对程序员来说就没有那么简单了。编写一个能实现 GUI 的应用程序非常难，所以才有人调侃“GUI 是用着一时爽，开发火葬场”。

之所以难开发，是因为 GUI 中用户对应用程序的操作顺序是不确定的。例如，**图 9-8** 展示了 Microsoft Word 中的字体设置窗口，在这里我们可以对很多项目进行设置。Word 用户会觉得这样的界面易于使用，操作方便，但对开发软件的程序员来说，这样的界面绝对不容易实现。

对于在采用 GUI 的操作系统中运行的应用程序来说，操作的流程是由用户决定的。因此，程序员必须确保程序无论按怎样的顺序操作都不会出问题。对只有 CUI[1] 程序开发经验的程序员来说，转变思想是十分必要的，这也正是实现 GUI 的难点所在。

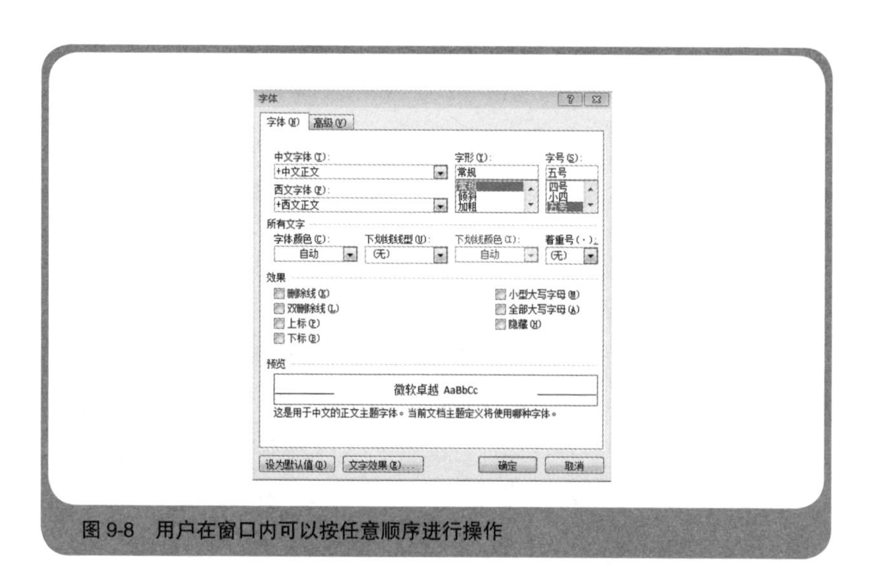

图 9-8　用户在窗口内可以按任意顺序进行操作

① CUI（Character User Interface，字符用户界面）是指只能通过键盘输入字符命令来操作计算机的用户界面。Windows 的命令提示符就属于 CUI。

(4) 能以 WYSIWYG 的方式打印输出

WYSIWYG 是指屏幕上显示的内容可以按原样打印出来。在 Windows 中，屏幕和打印机在图像的输出上被视作同等的设备，由此实现了 WYSIWYG。

WYSIWYG 让程序员的工作变得轻松。以前，程序员需要为屏幕显示和打印分别编写不同的程序。而在 Windows 中，通过 WYSIWYG 就可以用几乎相同的程序来同时实现显示和打印（当然，也可以让程序显示和打印的内容不一样）。

(5) 提供多任务功能

多任务（multitask）是指同时运行多个程序的功能。Windows 使用**时间片**的方式来实现多任务。时间片是指以很短的时间间隔在多个程序之间切换运行，在用户看来就好像是多个程序在同时运行一样。Windows 会负责在多个运行的程序之间进行切换（**图 9-9**）。Windows 还提供了以单个函数为单位分割时间片的**多线程**[①]（multithread）功能。

① 线程（thread）是操作系统分配 CPU 时间的最小运行单位。源代码中的一个函数就相当于一个线程。在多线程处理中，一个程序中可以有多个函数同时运行。

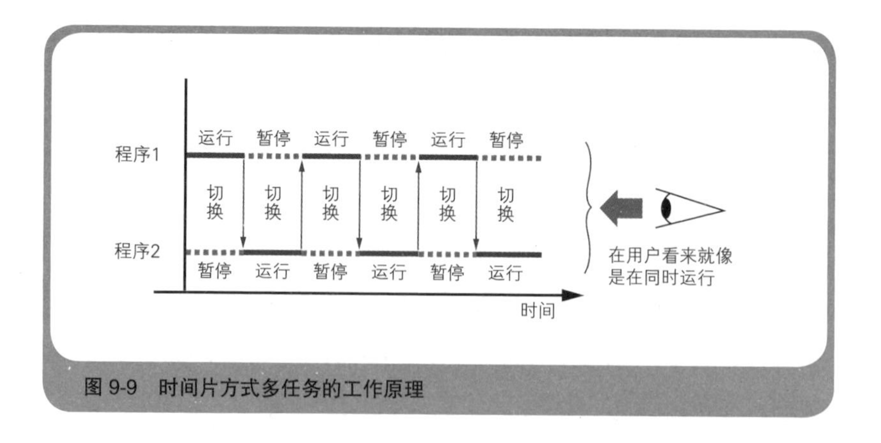

图 9-9　时间片方式多任务的工作原理

(6) 提供网络和数据库功能

Windows 系统内置了标准的网络功能，服务器版 Windows 还可以添加数据库（数据库服务器）功能。数据库并不是操作系统不可或缺的功能，但它与操作系统很接近，所以一般不将其称为应用程序，而是称为**中间件**（middleware），也就是介于操作系统和应用程序中间（middle）的软件。操作系统和中间件也统称为**系统软件**（system software）。应用程序除了可以直接使用操作系统的功能，还可以使用中间件提供的功能（图 9-10）。

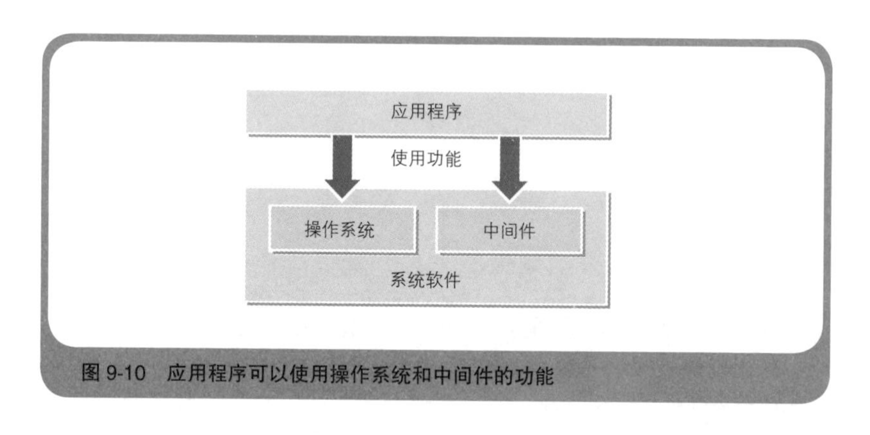

图 9-10　应用程序可以使用操作系统和中间件的功能

操作系统在安装之后就很难更换了，但中间件可以根据需要进行更换。但是，在很多情况下，改变了中间件也就意味着应用程序需要做出相应的改变，因此我们也不能轻易改变中间件。

(7) 可通过即插即用自动安装设备驱动程序

即插即用（plug-and-play）是一种让新设备插入（plug）之后就可以立即使用（play）的机制。当新设备连接到计算机后，操作系统可以自动安装并配置用于控制该设备的**设备驱动程序**（device driver）。

设备驱动程序是操作系统的一部分，负责提供对硬件的基本输入输出功能。对于键盘、鼠标、显示器、磁盘、网络等一般计算机必备的硬件设备，它们的驱动程序已经随操作系统预先安装好了。当需要添加打印机、无线局域网（Wi-Fi）[①]等硬件设备时，就需要向操作系统中安装相应的设备驱动程序。一般在购买硬件设备时，还会得到一张光盘，其中就包含了该设备的驱动程序，我们也可以通过从互联网下载的方式获取设备驱动程序。

设备驱动程序会在安装其主体文件时，一起安装 DLL 文件。这些 DLL 文件中包含了用来访问新硬件设备的 API（函数集）。使用这些 API，就可以开发能够使用新硬件功能的应用程序。

能够任意添加设备驱动程序和 API 的机制提高了 Windows 操作系统的灵活性。所谓的灵活，就是指能够适配将来会出现的新硬件设备。

本章中，为了区分应用程序和操作系统，在讲解中很少直接用程序一词，而是用应用程序来代替。操作系统、中间件、应用程序等各

① 在大多数情况下，笔记本计算机会标配无线局域网功能，但台式计算机就不一定会提供这个功能了。这样的台式计算机如果要使用无线网络的话，就需要添加硬件设备并安装相应的设备驱动程序。

种软件可以统称为程序，而程序员所编写的程序通常属于应用程序，而不是操作系统。既然是应用程序，就必定会以某种形式使用操作系统提供的功能，程序员必须了解这一点。例如，当应用程序没有正常工作时，大多数情况下并不是因为没有正确使用硬件，而是因为没有正确使用操作系统。对于中间件和设备驱动程序，大家认为它们是操作系统的一部分就可以了。

本书中多次出现本机代码一词。如果能够直接用本机代码来编写程序，那我们应该更容易理解程序的工作原理，但是具备这种能力的人可以说是凤毛麟角，一般我们需要用汇编语言来代替本机代码。下一章中，我们将通过汇编语言来看一看程序的底层工作原理。

如果是你，你会怎样讲呢？

给喜欢智能手机的高中女生讲解操作系统的功能

笔者：你有智能手机或者平板电脑吗？

高中女生：我有智能手机。

笔者：是什么牌子的手机呀？

高中女生：Google Pixel。

笔者：不错呀！你平时都用手机干什么？

高中女生：当然是用 LINE 和朋友聊天了。也会用手机看视频、玩游戏、看天气预报。

笔者：这样啊。不过话说回来，手机明明是用来打电话的，为什么还能用来看视频、玩游戏、看天气预报呢？或者说，你知道手机为什么能上网吗？

高中女生：就是因为它是手机才能上网的呀……

笔者：这么说也没错，不过智能手机可不是一个只能打电话的手机，而是一台带电话功能的计算机。

高中女生：感觉话题要转到大叔您擅长的领域了。

笔者：这不正好吗？计算机是一种可以运行程序的机器，这个你知道吧？

高中女生：我知道呀，我也用过计算机。

笔者：智能手机中也有程序，有了这个程序，手机才能上网并且显示出文字和图像。

高中女生：当然是这样啊，这个话题真没意思。

笔者：（糟了，还是换个话题吧）对了，智能手机可以安装各种 App，你知道 App 是什么意思吗？

高中女生：App 就是 App 呗。

笔者：（好，马上进入正题）其实，App 是个缩写，它的全称是 Application，也就是应用程序。

高中女生：那应用程序是什么呢？

笔者：好问题。应用程序也是一类程序，我们所说的程序，大体上可以分成操作系统和应用程序两种。

高中女生：操作系统和应用程序……

笔者：智能手机里面有很多应用程序，每个应用程序虽然有各自的功能，但都需要对触摸、滑动等操作做出响应，还需要显示文字和图像，这部分功能在所有应用程序中都是一样的，对吧？

高中女生：我觉得不太一样……

笔者：在编写程序的人看来就是一样的。为每个应用程序编写一样的功能很浪费时间。于是，就出现了一种专门为应用程序提供这些通用功能的程序，这个程序就叫操作系统。而根据需要实现各自功能的程序，就是应用程序。

高中女生：所以程序可以分成两大类？

笔者：没错！智能手机中已经预先安装了操作系统，比如你的 Pixel 手机应该用的是安卓（Android）或者 Chrome OS。当你需要使用新应用程序时，只要下载这个应用程序就可以安装了，不想用的时候还可以把它删掉，但是操作系统是删不掉的。

高中女生：好像听懂了，又好像没听懂……

笔者：那我们就不说手机了，还是用计算机来举例吧。计算机里面的程序也分为操作系统和应用程序两种。你知道 Windows，对吧？ Windows 就是操作系统。之后购买安装的文字处理软件、游戏等就是应用程序。

高中女生：Windows 也有内置的纸牌游戏呢。

笔者：那个算是 Windows 附带的应用程序，不算操作系统的本体。

高中女生：这样啊。

笔者：那听懂了没有呀？

高中女生：大概听懂了。

第10章 通过汇编语言认识程序的真面目

热身准备

进入正题之前，我为大家准备了一些热身问题，大家可以看看自己是否能够准确回答。

1. 在汇编语言中，用来表示各个本机代码功能的英文缩写叫什么？
2. 将汇编语言源代码转换成本机代码的过程叫什么？
3. 将本机代码反过来转换成汇编语言源代码的过程叫什么？
4. 汇编语言源文件的扩展名是什么？
5. 汇编语言程序中的段是什么意思？
6. 汇编语言的跳转指令是干什么用的？

怎么样？有些问题是不是无法简单回答出来呢？下面给出笔者的答案和解析供大家参考。

答案

1. 助记符（mnemonic）
2. 汇编
3. 反汇编（disassemble）
4. .asm 和 .s 等
5. 将构成程序的指令和数据分别汇总形成的组
6. 让程序流程跳转到任意地址

解析

1. 汇编语言是使用助记符来编写程序的。
2. 汇编需要使用汇编器来完成。
3. 通过反汇编可以得到人类能够理解的源代码。
4. 汇编语言源文件的扩展名在 Windows 中主要是 .asm，在 Linux 中主要是 .s。不过，本章中使用的 C 语言编译器 BCC32 虽然是在 Windows 环境下运行的，但使用了 .s 作为汇编语言源文件的扩展名。
5. 在高级编程语言的源代码中，指令和数据都是分散在各个位置的，但在编译后它们会被分别汇总到不同的段中。
6. 汇编语言中可以使用跳转指令实现循环和条件分支。

本章要点

笔者在学生时代曾经写过一篇比较 C 语言源代码和汇编语言源代码的报告，内容是将 C 语言中的各种语句转换成汇编语言，看看会变成什么样子。这个经历对笔者理解程序的工作原理很有帮助。

本章中，笔者也想让各位读者获得同样的体验。我们将一起看看用 C 语言编写的函数调用、局部变量、全局变量、条件分支、循环等语句，在转换成汇编语言之后会变成什么样子。这里我们以 32 位 x86 架构 CPU 的汇编语言为对象，使用和之前相同的 C 语言编译器 BCC32。本章内容难度比其他章节稍高，请大家努力跟上。

10.1 汇编语言和本机代码是一一对应的

前面多次讲过，计算机的 CPU 能够直接解释执行的只有本机代码（机器语言）。用 C 语言等编写的源代码，需要使用各个编程语言相对应的编译器进行编译，转换成本机代码。

因此，查看本机代码就可以看到程序最终在运行时变成了什么样子。但是，在人类看来，本机代码就是一串数字，直接用数字来编写程序无异于写天书。于是，人们发明了一种方法，为每个本机代码的指令分配一个英语缩写来表示其功能。例如，把对 32 位数据进行加法运算的本机代码称为 addl（addition long 的缩写），把进行比较的本机代码称为 cmpl（compare long 的缩写）。这些缩写称为**助记符**[①]，使用助记符的编程语言称为**汇编语言**。查看用汇编语言编写的源代码，我们也

① 助记符就是“帮助记忆的短语”的意思。

能了解程序的真面目，因为它与本机代码是等价的。

即使是用汇编语言编写的源代码，最终也必须转换成本机代码才能运行。用来完成这种转换的程序称为**汇编器**，这个转换的过程称为**汇编**。在将源代码转换成本机代码这一点上，可以说汇编器和编译器的功能是相同的。

用汇编语言编写的源代码和本机代码是一一对应的，因此我们也可以将本机代码反过来转换成汇编语言的源代码。具有这种反向转换功能的程序称为**反汇编器**（disassembler），这种反向转换的过程称为**反汇编**（图10-1）。

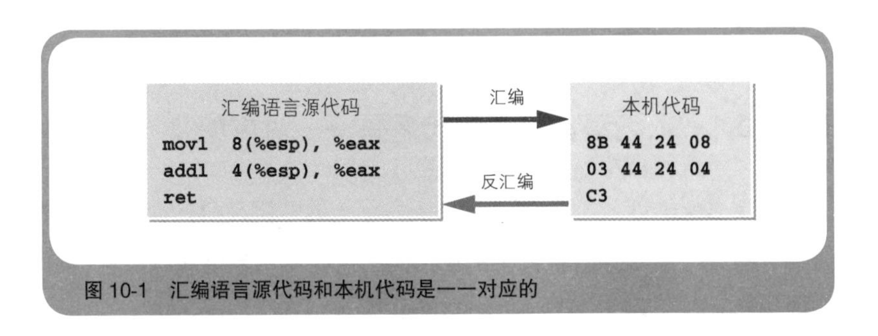

图10-1 汇编语言源代码和本机代码是一一对应的

用C语言编写的源代码，在编译之后也会转换成适配特定CPU的本机代码。再对本机代码进行反汇编，我们就可以得到汇编语言源代码，从而可以查看其内容。但是，将本机代码反编译成C语言源代码要比反汇编困难得多。这是因为C语言源代码和本机代码并不是一一对应的，我们不能保证得到和编译之前相同的源代码[①]。

① 由可执行文件生成源代码的过程，也就是反汇编和反编译等手段，统称为逆向工程（reverse engineering）。市面上的某些软件会在其许可协议中禁止用户进行逆向工程。

 10.2 用 C 编译器输出汇编语言源代码

除对本机代码进行反汇编之外，我们还可以通过其他方法得到汇编语言源代码。大部分 C 语言编译器提供了将 C 语言源代码转换成汇编语言源代码的功能。使用这一功能，我们就可以对 C 语言源代码和汇编语言源代码进行对比研究了。笔者在学生时代写过的那篇报告，就是用这一功能完成的。在 BCC32 中，只要指定编译选项“-S”就可以生成汇编语言源代码。下面我们来试试看。

打开 Windows 记事本或其他文本编辑器，输入**代码清单 10-1** 所示的 C 语言源代码，并将其命名为 list10_1.c 保存到任意目录（文件夹）下。C 语言源文件的扩展名一般是“.c”。这段程序中包含两个函数，一个是返回两个整数参数之和的 AddNum 函数[①]，另一个是调用 AddNum 函数的 MyFunc 函数。这段程序中没有代表运行开始位置[②]的函数（main 函数），如果直接编译的话是无法运行的，但这不妨碍它成为我们学习汇编语言的一个例子。

代码清单 10-1　由两个函数构成的 C 语言源代码

```
// 返回两个参数之和的函数
int AddNum(int a, int b)
{
    return a + b;
}

// 调用 AddNum 函数的函数
```

① AddNum 函数只返回两个参数之和，MyFunc 函数只调用 AddNum 函数。在实际编程中，我们并不需要功能如此简单的函数，但为了讲解函数调用的原理，这里故意设计了这样的函数。

② 在命令提示符下运行的 CUI 程序，其运行开始位置为 main 函数；在 Windows 上运行的 GUI 程序，其运行开始位置为 WinMain 函数。

```
int MyFunc()
{
    return AddNum(123, 456);
}
```

从 Windows 开始菜单中运行 Windows 系统工具中的命令提示符，将当前目录[①]切换到 list10_1.c 所在的目录，然后输入下面的命令并按下回车键。

```
bcc32c -c -O1 -S list10_1.c
```

bcc32c 是启动 BCC32 编译器的命令。“-c”选项表示仅编译，不链接[②]，也就是不生成 EXE 文件。“-O1”（大写字母 O 和数字 1）选项表示不生成冗余代码[③]。“-S”选项表示生成汇编语言源代码。

---

① 当前目录是指当前操作的对象目录（文件夹）。在命令提示符中，要编译 C 语言源代码，就需要将当前目录切换到要编译的文件所在的目录。方法是在命令提示符中输入“cd”加上一个空格，然后输入要切换为当前目录的目录名称，最后按下回车键。假设我们要将当前目录切换到“\NikkeiBP”目录，就需要输入“cd \NikkeiBP”，然后按下回车键。cd 是 change directory（更改目录）的缩写。

② 链接是指将多个目标文件拼接成一个可执行文件，详见第 8 章。

③ BCC32 中，若不指定“-O1”选项，有时会生成寄存器溢出（当寄存器数量不够用时，将当前寄存器的值暂存至栈中，空出寄存器用来执行其他操作的方法称为寄存器溢出）代码。寄存器溢出会让程序变长，也更难读懂，因此在这里我们禁用这一功能。

编译后，在当前目录中会生成名为 list10_1.s 的汇编语言源代码[①]。汇编语言源文件的扩展名一般为“.asm”或“.s”。下面我们用记事本来看看 list10_1.s 的内容（**代码清单 10-2**）。

代码清单 10-2　编译器生成的汇编语言源代码

```
    .file    "list10_1.c"
    .def     _AddNum;
    .scl     2;
    .type    32;
    .endef
    .section _TEXT,"xr"
    .globl   _AddNum
    .align   16, 0x90
_AddNum:                                    # @AddNum
# BB#0:
    movl     8(%esp), %eax
    addl     4(%esp), %eax
    ret

    .def     _MyFunc;
    .scl     2;
    .type    32;
    .endef
    .globl   _MyFunc
    .align   16, 0x90
_MyFunc:                                    # @MyFunc
# BB#0:
    subl     $8, %esp
    movl     $456, 4(%esp)                  # imm = 0x1C8
    movl     $123, (%esp)
    calll    _AddNum
    addl     $8, %esp
    ret
```

① 汇编语言的语法分为 AT&T 和 Intel 两种格式。BCC32 生成的汇编语言源代码采用了 AT&T 格式。AT&T 和 Intel 格式在 % 和 $ 的有无、操作数的顺序、注释写法等方面有差别。例如，分别用两种格式来描述将 123 存入 eax 寄存器的指令就是下面这样。

```
# AT&T 格式
movl $123, %eax # 将前面的 123 存入后面的 eax
; Intel 格式
mov eax, 123 ; 将后面的 123 存入前面的 eax
```

10.3　伪指令与注释

相信各位读者之中肯定有人是第一次看到汇编语言源代码。汇编语言看起来似乎很难，但实际上很简单，说汇编语言比 C 语言还简单一点都不夸张。在详细讲解源代码的内容之前，我们先来了解一下伪指令（pseudo instruction）和注释。

汇编语言源代码中的指令分为两种，一种是会被转换成本机代码的一般指令，另一种是专门针对汇编器的伪指令。**伪指令**负责告诉汇编器程序的结构和汇编的方法，因此也被称为汇编程序指令（assembler directive）。

在代码清单 10-2 中，开头有一个句点（.）的 .file 和 .def 等就是伪指令。这里我们不需要知道所有伪指令的意义，大家只要记住 .section 就可以了。.section 的功能是标记接下来的程序属于哪个段。**段**就是一组指令和数据的集合。

段的定义语法为 .section 段名 , " 属性 "。在属性的部分中，"x" 表示可执行，"r" 代表可读，"w" 代表可写[①]。在代码清单 10-2 中，.section _TEXT, "xr" 这条伪指令的意思是，接下来的程序是一个名为 _TEXT、属性为可执行且只读的段。

在汇编语言源代码中，以 # 开头的部分表示**注释**。代码清单 10-2 中就有几处注释，这些注释都是 BCC32 自动生成的。在每个函数的入口位置都加上了 # @AddNum 或 # @MyFunc 这样的注释，是为了让程序更易读。

---

① 这些段的属性中，"x" 代表 execute（执行），"r" 代表 read（读），"w" 代表 write（写）。

10.4 汇编语言的语法是“操作码 操作数”

在汇编语言中，每一行都表示CPU要执行的一个指令。汇编语言指令的语法是“操作码 操作数”[①]（也有一些指令只有操作码，没有操作数），其中**操作码**表示指令的动作，**操作数**表示指令的操作对象。如果我们将操作码类比为谓语动词，将操作数类比为宾语，就会发现它和英语中祈使句的语法是相同的。

我们可以使用哪些操作码取决于CPU的类型。**表10-1**列出了代码清单10-2中出现的操作码的功能。这些操作码都用于32位x86架构CPU。操作数可以是数值、内存地址、寄存器名等。表10-1中的A、B、L就表示操作数。movl、addl、subl、calll末尾的l表示long，这代表作为操作对象的数据和地址的长度为32位[②]。当操作数有两个时，处理是按照从前往后的顺序进行的[③]。

表10-1 代码清单10-2中出现的操作码的功能

操作码（含义）	操作数	功能
movl（move）	A, B	将A的值保存到B
addl（add）	A, B	将A的值与B的值相加的结果保存到B
subl（subtract）	A, B	将A的值与B的值相减的结果保存到B
calll（call）	L	调用位于地址L的函数
ret（return）	（无）	程序流程返回函数被调用的位置

※ 操作码末尾的l=long，表示其操作对象数据和地址的长度为32位。

① 在汇编语言中，movl、addl等指令称为操作码（opcode），而作为指令操作对象的数值、内存地址、寄存器名等称为操作数（operand）。将操作码和操作数转换成CPU可以直接解释和执行的二进制形式的，就是本机代码。

② 在Intel格式中指令末尾没有l，而是直接使用mov、add等操作码。

③ 在Intel格式中，当操作数有两个时，是按照从后往前的顺序进行处理的。

本机代码需要加载到内存后运行。本机代码中的指令和数据都存放在内存中，当程序运行时，CPU 会从内存中读取指令和数据，并将其存入 CPU 内部的寄存器中进行处理，最后将结果写回内存（**图 10-2**）。

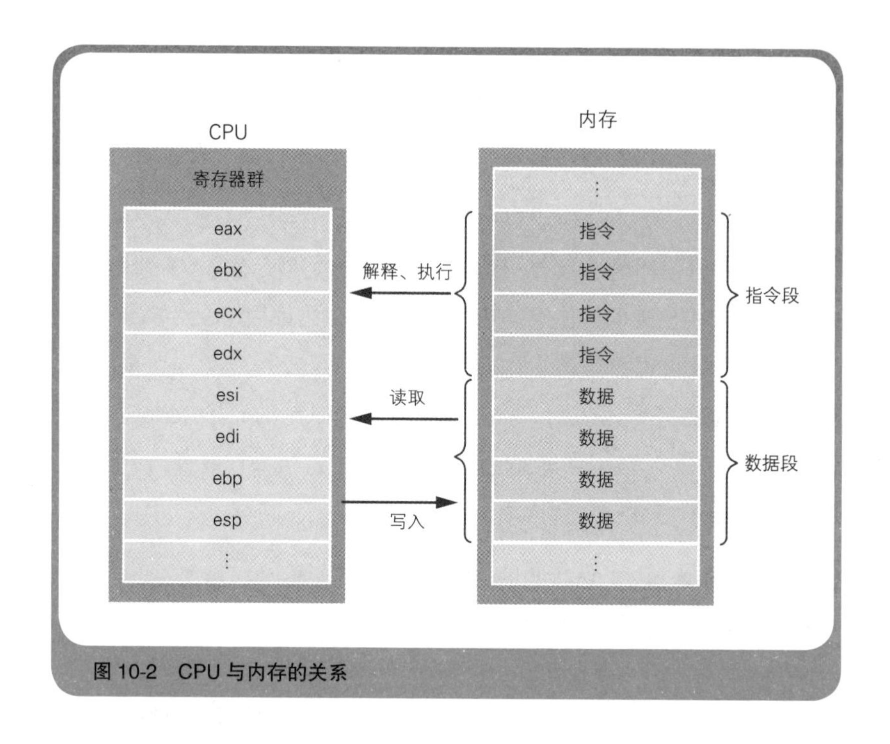

图 10-2 CPU 与内存的关系

寄存器是 CPU 内部的存储空间，但是寄存器的功能并不仅限于存储指令和数据，寄存器还可以参与运算。**表 10-2 列出了 32 位 x86 架构 CPU 内部的主要寄存器**的类型和功能[①]。汇编语言源代码中，充当操

① 表 10-2 中列出的是 32 位 x86 架构 CPU 中寄存器的名称，第 1 章的表 1-1 中列出的是比较通用的寄存器名称，两者存在一定的差别。例如，32 位 x86 架构 CPU 的基址指针寄存器（base pointer）就相当于第 1 章中的基址寄存器。表 10-2 列出的寄存器中，有一些也有其他功能。

作数的寄存器名前面会加上 %[1]，如 %eax、%ebx 等。内存中的空间是用地址来区分的，而 CPU 内部的寄存器则是用 eax、ebx 这样的名称来区分的。不过，CPU 内部也有程序员无法直接操作的寄存器，例如表示正、负、溢出等状态的标志寄存器，以及操作系统专用的寄存器等。

表 10-2　32 位 x86 架构 CPU 内部的主要寄存器

寄存器名[2]	名称	主要功能
eax	累加器	用于运算
ebx	基址寄存器	存放内存地址
ecx	计数器	循环次数计数
edx	数据寄存器	存放数据
esi	源变址寄存器	存放数据转移来源的内存地址
edi	目标变址寄存器	存放数据转移目标的内存地址
ebp	基址指针寄存器	存放数据存储空间的内存基地址
esp	栈指针寄存器	存放栈顶数据的内存地址

10.5　最常用的 movl 指令

用于向寄存器和内存存放数据的 **movl 指令**可以说是最常用的指令。movl 指令有两个操作数，分别表示数据取出和存放的目标位置。操作数可以是数值、标签（命名的地址）、寄存器名，我们也可以在它

① 在 Intel 格式中，寄存器名前面不加 %，如 eax、ebx 等。

② 32 位 x86 架构 CPU 的寄存器的名称都是以 e 开头的，如 eax、ebx、ecx、edx 等，这是因为 16 位 x86 架构 CPU 中对应的寄存器的名称分别为 ax、bx、cx、dx，这个 e 表示扩展（extended）。另外，64 位 x86 架构 CPU 的对应寄存器的名称分别是 rax、rbx、rcx、rdx，都以 r 开头，这里的 r 代表寄存器（register）。

们的左右两边加上圆括号 ()[①] 来使用。

操作数左右两边没有括号时，表示直接处理这个数值，有括号时表示将括号中的值作为内存地址来解释，并对该内存地址进行读写。当括号前面有数值时，movl 指令会将这个数值与括号内的地址相加。我们来看一看代码清单 10-2 中几个 movl 指令的用法。

```
movl $456, 4(%esp)
movl $123, (%esp)
```

movl $456, 4(%esp) 这条指令表示将 456 这个数值存入 esp 寄存器的值再加 4 所代表的内存地址中。假设 esp 寄存器的值为 100，456 就会存入 100+4=104 这个地址中。movl 的 l 表示其操作对象数据的长度为 32 位，也就是说，从 104 地址开始的 32 位 =4 字节空间会用来存放数据[②]。当需要直接指定一个数值时，需要在数值的前面加上 $ 符号，例如这里的 $456[③]。

movl $123, (%esp) 这条指令表示将 123 这个数值存入 esp 寄存器的值所代表的内存地址中。假设 esp 寄存器的值为 100，123 就会存入 100 地址中。假如我们把这条指令中的括号去掉，变成 movl $123, %esp，这条指令就代表将 123 这个数值存入 esp 寄存器中。希望大家能通过这个对比理解括号所代表的意义。

---

① 在 Intel 格式中使用方括号 [ ] 而不是圆括号 ( )。

② 在 AT&T 格式中，指令的末尾要加上一个表示数据长度的字母，如 movl 和 addl。其中 l（long）代表 32 位，s（short）代表 16 位，b（byte）代表 8 位。Intel 格式中直接使用 mov、add 指令即可，无须指定数据长度。

③ Intel 格式中不需要在数值前面加上 $ 符号。

10.6 将数据存入栈中

程序在运行时会分配一块名为栈的内存空间。栈的英文 stack 原本是干草堆的意思，顾名思义，数据在栈中是从下（编号较大的地址）往上（编号较小的地址）堆积起来，然后从上往下取出的。esp 寄存器（栈指针寄存器）会记录当前栈顶数据的内存地址（**图 10-3**）。

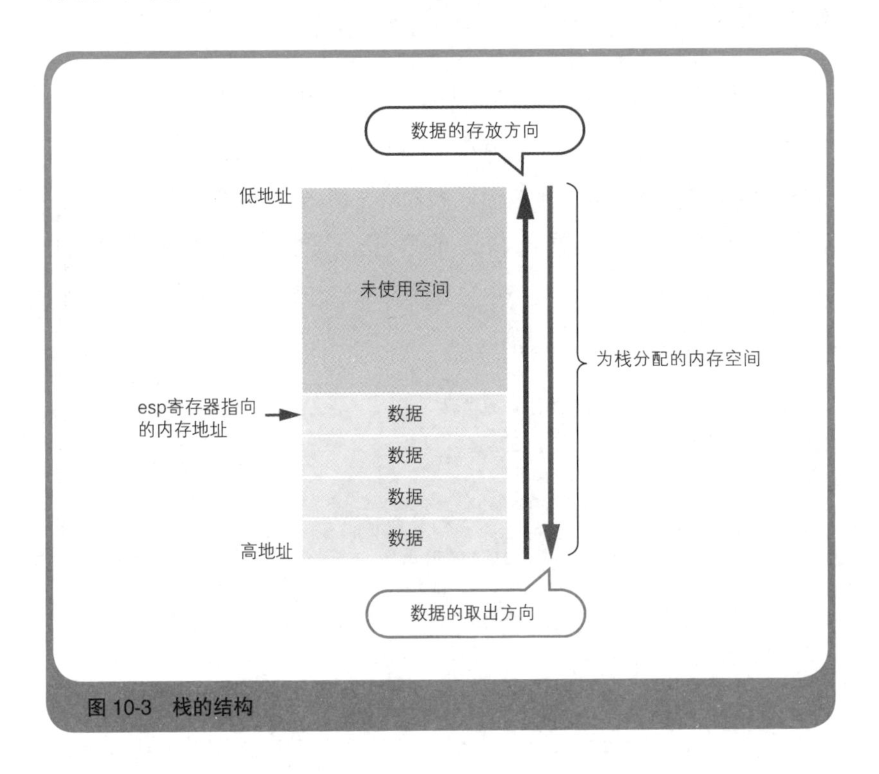

图 10-3 栈的结构

栈是临时存放数据的内存空间，我们马上会讲到的函数调用，以及本章后半部分会讲到的局部变量，都会使用栈来存放数据。当需要在栈中存放多个数据时，需要以 esp 寄存器所指向的地址为起点，计算出数据应该存放在哪个地址，然后将数据写入该地址。例如，movl $456, 4(%esp) 这条指令就表示将 456 这个数值写入从 esp 寄存器所指向的地址起向后 4 字节的地址中。而 movl 8(%esp), %eax 这条指令表示将从 esp 寄存器所指向的地址起向后 8 字节的地址中的值读取出来并存入 eax 寄存器中。

10.7　函数调用的工作原理

前面铺垫了这么多，我们终于为阅读汇编语言源代码做好了准备。下面我们来重新看一看代码清单 10-2 的内容。首先，笔者通过调用 AddNum 函数的 MyFunc 函数的代码来讲一讲函数调用的过程。在函数调用的实现上，栈发挥了很大的作用。我们将代码清单 10-2 中 MyFunc 函数的代码提出来，并为每一行添加注释，最终得到的汇编语言源代码如**代码清单 10-3** 所示。

代码清单 10-3　函数调用的汇编语言源代码

```
_MyFunc:                          # MyFunc 函数的入口 ---------------------(1)
  subl     $8, %esp               # 将 esp 的值减 8 ----------------------(2)
  movl     $456, 4(%esp)          # 将 456 存入 esp+4 地址 ----------------(3)
  movl     $123, (%esp)           # 将 123 存入 esp 地址 ------------------(4)
  calll    _AddNum                # 调用 _AddNum -------------------------(5)
  addl     $8, %esp               # 将 esp 的值加 8 ----------------------(6)
  ret                             # 返回函数被调用的位置--------------------(7)
```

(1) 处的 _MyFunc: 是表示函数入口的标签。标签的格式是“标签名 :”，当程序运行时这些标签会被替换成相应的内存地址。用 C 语言编写的 AddNum 函数和 MyFunc 函数的入口分别用 _AddNum: 和 _MyFunc: 标签表示。函数名的前面加下划线（ _ ）是 BCC32 编译器的规定。标签不是指令，它只用来表示某个位置。当调用函数时，我们就可以指定要调用的函数的入口位置的标签作为 call 指令的操作数。

(2) 处的 subl $8, %esp 表示将 esp 寄存器的值减 8，也就是在栈中分配一块长度为 8 字节的内存空间。(3) 处的 movl $456, 4(%esp) 表示将 456 这个值存入已分配内存空间的 esp 寄存器的值 +4 所代表的地址中。(4) 处的 movl $123, (%esp) 表示将 123 这个值存入已分配内存空间的 esp 寄存器的值所代表的地址（esp 寄存器值 +0 的地址）中。456 和 123 都是传递给 AddNum 函数的参数。我们可以看出，参数就是通过栈空间来传递的。

(5) 处的 calll _AddNum 表示调用 _AddNum: 标签所在位置的函数。当我们在程序任意位置设置标签时，需要在标签名的末尾加上一个冒号（:），如 _AddNum:，但在 call 指令的操作数中，标签是不加冒号的，如 calll _Addnum。

执行 call 指令时，指向 call 指令的下一条指令的内存地址（也就是函数返回的目标地址）会被自动保存到栈中，esp 寄存器的值也会随之更新。这里，call 指令的下一条指令是 (6) 处的 addl $8, %esp，因此这条指令的内存地址会被保存到栈中。读取这个内存地址，程序就可以从被调用的函数返回到 (6) 处的 addl $8, %esp 位置继续执行。

(6) 处的 addl $8, %esp 表示将 esp 寄存器的值加 8，也就是将在栈中分配的 8 字节的内存空间释放出来。在函数入口 (2) 处的 subl $8, %esp 分配的内存空间，需要在函数执行完毕时释放，这就是我们在第 5 章提到的栈清理操作。

最后，(7) 处的 ret 表示调用 AddNum 函数的 MyFunc 函数执行完毕。MyFunc 函数也会被其他函数调用，因此最后执行完毕后会返回被调用的位置。

上面这些就是函数调用的工作原理。其中的重点是将参数和返回地址保存在栈中。调用 AddNum 函数时栈的内容如**图 10-4** 所示。

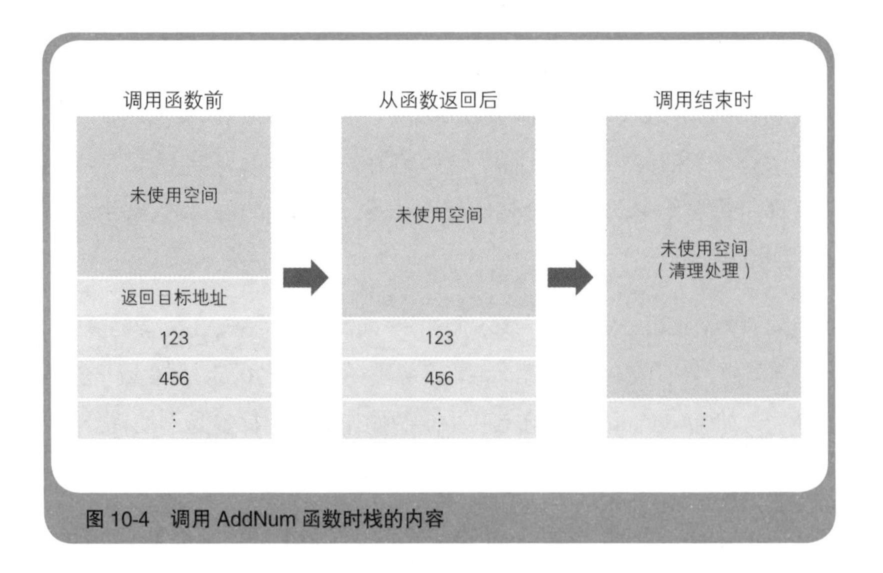

图 10-4　调用 AddNum 函数时栈的内容

10.8　被调用函数的工作原理

下面我们通过 AddNum 函数的汇编语言源代码看一看函数接收参数和传递返回值的原理。在这个过程中，栈和 eax 寄存器发挥了很大的作用。我们将代码清单 10-2 中 AddNum 函数的代码提出来，并为每一行添加注释，最终得到的汇编语言源代码如**代码清单 10-4** 所示。

代码清单 10-4　被调用函数的汇编语言源代码

```
_AddNum:                    # AddNum 函数入口 ——————————————（1）
  movl    8(%esp), %eax     # 将 esp+8 地址处的值存入 eax ————（2）
  addl    4(%esp), %eax     # 将 esp+4 地址处的值累加到 eax ———（3）
  ret                       # 返回函数被调用的位置 ————————————（4）
```

(1) 处的 _AddNum: 是表示函数入口的标签。在使用 calll _AddNum

指令调用函数时，栈的状态如图 10-4 的左侧所示。现在 esp 所指向的位置存放的是返回目标地址，而地址的长度是 32 位 =4 字节，因此参数 123 位于 esp+4 地址，参数 456 位于 esp+8 地址。

(2) 处的 movl 8(%esp), %eax 表示将 esp+8 地址处的值 456 存入 eax 寄存器。eax 寄存器（累加器）的主要功能是参与运算。

(3) 处的 addl 4(%esp), %eax 表示将 esp+4 地址处的值 123 与 eax 寄存器中的值相加，此时 eax 寄存器中的值为 456 与 123 的和 579。BCC32 中规定，函数的返回值保存在 eax 寄存器中，因此在此时 eax 寄存器的值就是函数的返回值。

(4) 处的 ret 表示 AddNum 函数执行完毕，流程跳转到调用方 MyFunc 函数。ret 指令会从 esp 寄存器所指向的地址取出返回目标地址（在这里就是 MyFunc 函数的 calll _AddNum 指令的下一条指令的地址）[①]，从而让流程返回函数被调用的位置。

以上就是被调用函数的工作原理，其中的重点是从栈中取出参数并进行运算，将返回值存入 eax 寄存器，以及从栈中取出返回目标地址并让流程返回。

10.9　全局变量和局部变量的工作原理

C 语言中的变量分为两种，在函数外部声明的变量称为全局变量，在函数内部声明的变量称为局部变量。**全局变量**（global variable）可以

① 通过从栈中取出返回目标地址，并将其存入 CPU 中的程序计数器（详见第 1 章的内容），就可以让流程返回指定位置。执行 ret 指令会间接地设置程序计数器的值。本章最后介绍的循环和条件分支也是通过间接设置程序计数器的值来实现的。

在程序的所有函数中访问，而**局部变量**（local variable）只能在声明它的函数中访问。通过查看汇编语言源代码，我们可以知道二者为什么会出现这样的区别。

代码清单 10-5 是一段用来分析局部变量和全局变量工作原理的 C 语言程序。变量 *x* 和变量 *y* 是在函数外部声明的，因此它们是全局变量，并且分别被设定了初始值 123 和 456。MyFunc 函数中声明了变量 *a*，它是一个局部变量。这里，我们将变量 *x* 和变量 *y* 相加的结果赋值给变量 *a*，并将其作为返回值返回。这段程序的内容没有什么意义，只是一个用于分析原理的测试程序（后面出现的程序也一样）。请大家将这段程序另存为 list10_5.c 文件。

代码清单 10-5　用于分析局部变量和全局变量原理的 C 语言程序

```
// 全局变量声明
int x = 123;
int y = 456;

// 使用全局变量和局部变量的函数
int MyFunc() {
    int a;
    a = x + y;
    return a;
}
```

下面我们来编译这段程序，在命令提示符中输入以下命令并按下回车键。

```
bcc32c -c -Od -S list10_5.c
```

之前我们为了避免编译器生成冗余代码而指定了“-O1”选项，这里我们指定“-Od”[①]（大写字母O和小写字母d）来让编译器生成冗余代码。之所以这么做，是因为如果不生成冗余代码，有些使用到局部变量的程序逻辑会被编译器删除。

代码清单10-5被编译后，会生成汇编语言源文件list10_5.s。我们将list10_5.s中重点部分的代码抽出来，并为每一行添加注释，结果如**代码清单10-6**所示。其中冗余代码用灰色字体表示，这些代码的功能是将寄存器的值暂存到栈，或是从栈恢复寄存器的值[②]。这些操作和接下来的讲解无关，请大家不要在意。

代码清单10-6 代码清单10-5转换成汇编语言的结果（节选）

```
    .section    _TEXT,"xr"    # 指令段开始 ——————————————（1）
_MyFunc:                      # MyFunc 函数的入口 ——————————（2）
    pushl   %ebp              # 将 ebp 的值暂存到栈
    movl    %esp, %ebp        # 将 esp 的值存入 ebp ——————————（3）
    pushl   %eax              # 将 eax 的值暂存到栈
    movl    _x, %eax          # 将 _x 的值存入 eax ——————————（4）
    addl    _y, %eax          # 将 _y 的值累加到 eax ——————————（5）
    movl    %eax, -4(%ebp)    # 将 eax 的值存入 ebp-4 地址 —————（6）
    movl    -4(%ebp), %eax    # 将 ebp-4 地址的值存入 eax
    addl    $4, %esp          # 将 esp 加 4
    popl    %ebp              # 从栈中恢复 ebp 的值
    ret                       # 返回函数被调用的位置 ——————————（7）

    .section    _DATA,"w"     # 数据段开始 ——————————————（8）
_x:                           # 全局变量 x 的标签 ———————————（9）
    .long   123               # 全局变量 x 的值
_y:                           # 全局变量 y 的标签 ———————————（10）
    .long   456               # 全局变量 y 的值
```

本章前半部分讲过，编译后的程序会被分成段。在上面的程序中，

① “-O1”和“-Od”选项中的O是optimize（优化）。优化就是不生成冗余代码的意思。在“-O1”中，编译器执行优化操作避免生成冗余代码，而在“-Od”中，编译器不执行优化操作，也就生成了冗余代码。

② 冗余代码中使用的pushl指令可以将指定的寄存器的值存入栈，popl指令可以从栈取出值并将其存入指定的寄存器。

我们可以看到一个**存放指令的段**和一个**存放数据的段**。(1) 处的 .section _TEXT, "xr" 后面的部分是指令段，(8) 处的 .section _DATA, "w" 后面的部分是数据段。存放数据的段被命名为 _DATA，属性为 "w"，所以是可写的。数据段中的 (9) 和 (10) 分别是 _x: 和 _y: 两个标签，它们代表全局变量 *x* 和 *y*。变量名前面有一个下划线（ _ ）是 BCC32 编译器的规定。.long 123 和 .long 456 是两条伪指令，表示在这个位置上存放两个 32 位的值 123 和 456。伪指令是面向汇编器的指示，所以汇编器会在生成本机代码时将 123 和 456 这两个值附加在程序后面。

通过上述讲解，我们可以发现全局变量就是事先附加在程序数据段的数据。当程序运行时，指令段和数据段会被一起加载到内存中，并在程序运行过程中一直驻留内存，因此程序中所有的函数都可以访问全局变量。

相对地，局部变量则是在调用函数时，由函数的代码临时存入栈中的。下面我们再来看看代码清单 10-6 的 (2) 处 _MyFunc: 后面的 MyFunc 函数的具体内容。(3) 处的 movl %esp, %ebp 表示将栈顶指针 esp 寄存器的值存入 ebp 寄存器。通过这条指令，我们就可以使用 ebp 寄存器对栈空间进行读写。当然我们也可以直接使用 esp 寄存器来读写栈空间。大家或许会觉得这里的代码是冗余的，有这样的感觉是因为我们开启了生成冗余代码的选项。

MyFunc 函数会将全局变量 *x* 和 *y* 的和赋值给局部变量 *a*，并将 *a* 作为返回值返回。BCC32 规定函数的返回值必须放在 eax 寄存器中，因此变量 *a* 的值保存在 eax 寄存器中。(4) 处的 movl _x, %eax 和 (5) 处的 addl _y, %eax 两条指令表示将变量 *x* 和变量 *y* 的和存入 eax 寄存器。此时，由于计算结果已经位于 eax 寄存器中，所以不需要赋值给变量 *a*，但因为我们指定了生成冗余代码的编译选项，所以这里生成了一些无用的代码。请大家注意 (6) 处的 movl %eax, -4(%ebp)，这条指令表示将 eax 寄存器的值存入栈顶指针 ebp 寄存器的值减去 4 所对应的地址[①]。ebp 寄存器的值减去 4 所对应的地址，正是局部变量 *a* 的内存地址（图 10-5）。

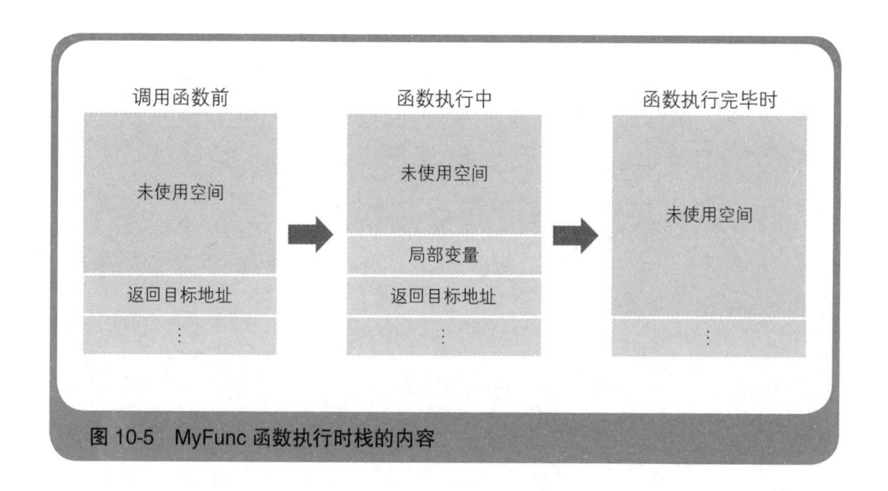

图 10-5　MyFunc 函数执行时栈的内容

通过上述讲解，我们可以知道局部变量是在函数执行过程中存放在栈中的。在代码清单 10-6 中，(7) 处的 ret 指令让流程返回函数被调用的位置。此时栈中的局部变量值并没有被清理，当出于其他目的再次使用栈空间时，这个值会被覆盖掉。局部变量只能在其被声明的函数中使用，这一点是毫无问题的。

10.10　循环的工作原理

下面我们通过分析汇编语言源代码，看一看 C 语言中的 for 循环和

① 这里之所以要减 4，是因为内存空间是以字节（8 位）为单位编址的，要存入 32 位的值就需要 4 字节的空间。

if条件分支在计算机内部是如何实现的。在循环和条件分支的实现上，尚未介绍的比较指令和转跳转指令发挥了很大的作用。

代码清单 10-7是一段执行10次**循环**的C语言程序，其中局部变量i为循环变量[①]。for语句的循环体中调用了一个不执行任何操作的空函数MySub()。

代码清单10-7 执行循环的C语言源代码

```
// MySub 函数的定义
void MySub()
{
    // 不执行任何操作
}

// MyFunc 函数的定义
void MyFunc()
{
    int i;
    for (i = 0; i < 10; i++)
    {
        // 循环调用 10 次 MySub 函数
        MySub();
    }
}
```

将代码清单10-7另存为list10_7.c文件，然后在命令提示符中输入以下命令并按下回车键。在这里我们依然指定了用于生成冗余代码的“-Od”选项。

```
bcc32c -c -Od -S list10_7.c
```

list10_7.c编译后会生成汇编语言源代码list10_7.s。将list10_7.s中

① 用于计算循环执行次数的变量称为循环计数变量（loop counter），简称循环变量。

for 循环对应的代码提出来，并为每一行添加注释，结果如**代码清单 10-8** 所示。在 C 语言的 for 语句中，圆括号中的 3 个表达式分别表示循环变量初始化（$i = 0$）、循环执行条件（$i < 10$）以及循环变量更新（i++），花括号（{}）中的部分为循环实际执行的操作（循环体）。与之相对，在汇编语言源代码中，循环是通过比较指令和跳转指令来实现的。

代码清单 10-8　代码清单 10-7 转换成汇编语言的结果（节选）

```
    movl    $0, -4(%ebp)       # 将 0 存入循环变量 ——————————（1）
LBB1_1:                        # 表示循环体入口的标签 ——————————（2）
    cmpl    $10, -4(%ebp)      # 将 10 与循环变量的值进行比较 ——————————（3）
    jge     LBB1_4             # 若 10 ≤循环变量的值则跳转到 LBB1_4 ——————————（4）
    calll   _MySub             # 调用 MySub 函数 ——————————（5）
    movl    -4(%ebp), %eax     # 将循环变量的值存入 eax 寄存器 ——————————（6）
    addl    $1, %eax           # 将 eax 寄存器的值加 1 ——————————（7）
    movl    %eax, -4(%ebp)     # 将 eax 寄存器的值存入循环变量 ——————————（8）
    jmp     LBB1_1             # 无条件跳转到 LBB1_1 ——————————（9）
LBB1_4:                        # 表示循环结束的标签 ——————————（10）
```

代码清单 10-8 及后面要讲解的代码清单 10-11 中都出现了之前没介绍过的操作码，具体参见**表 10-3**。

表 10-3　代码清单 10-8 和代码清单 10-11 中出现的操作码的功能

操作码（含义）	操作数	功能
cmpl（compare）	A, B	比较 A 与 B
jge（jump greater or equal）	L	如果 A ⩽ B 则跳转到 L
jle（jump less or equal）	L	如果 A ⩾ B 则跳转到 L
jmp（jump）	L	无条件跳转到 L
ret（return）	（无）	程序流程返回函数被调用的位置

※ 操作码末尾的 l=long，表示作为操作对象的数据和地址的长度为 32 位。

下面来讲一讲代码清单 10-8 的内容。这个程序中使用的局部变量

只有一个 *i*，它是用于计算循环次数的循环变量。(1) 之前的部分在节选的代码中没有展示，其实在 (1) 之前我们已经将 esp 寄存器的值存入了 ebp 寄存器中，因此现在我们可以通过 ebp 寄存器来访问栈空间。在 (1) 处的 movl $0, -4(%ebp) 中，-4(%ebp) 就是为局部变量 *i* 分配的空间，因此这条命令会将循环变量 *i* 初始化为 0。

(2) 处的 LBB1_1: 和 (10) 处的 LBB1_4: 分别定义了两个用于表示跳转指令跳转目标的标签。(3) 处的 cmpl $10, -4(%ebp) 表示将 10 与循环变量的值进行比较，比较结果会存入 CPU 内部的标志寄存器。(4) 处的 jge LBB1_4 表示当标志寄存器中保存的比较结果为“大于等于”（greater or equal）时，程序则跳转到 LBB1_4 标签处。在 (4) 之前，我们已经将 10 与循环变量的值进行了比较，因此当“10≤循环变量的值”时[①]，程序就会跳转到 LBB1_4 标签处。于是，当循环变量的值在 0～9 时，程序会循环调用 MySub 函数，当循环变量的值到达 10 时，会跳出循环。(4) 处指令的功能是判断是否要跳出循环。

当 (4) 处的判断结果为不跳转（继续执行循环）时，程序就会来到 (5) 处。(5) 处的 calll _MySub 表示调用 MySub 函数，从函数返回后继续执行 (6)。(6) 处的 movl -4(%ebp), %eax 表示将当前循环变量的值存入 eax 寄存器，(7) 处的 addl $1, %eax 表示将 eax 寄存器的值加 1，(8) 处的 movl %eax, -4(%ebp) 表示将 eax 寄存器的值存入循环变量。(6)～(8) 这几条指令有点绕，其实就是把循环变量的值加 1。

(9) 处的 jmp LBB1_1 表示无条件（不查询标志寄存器）跳转到 LBB1_1 标签处。因为是从 (9) 回到 (2)，所以也就是继续执行下一次循

---

① 注意 cmpl A, B 指令所执行的计算是 B−A，也就是说，jge 中的“大于等于”指的是 B 大于等于 A，而不是 A 大于等于 B，jle 等指令也一样。具体请参见表 10-3 中的说明。——译者注

环。当循环变量的值到达 10 时，程序就会通过 (4) 处的 jge LBB1_4 指令结束循环。

C 语言中的 for 循环在计算机内部就是这样通过**比较指令**和**跳转指令**来实现的，是不是感觉和 C 语言的 for 语句差别很大呢？如果将代码清单 10-8 的汇编语言源代码按照同样的流程改写为 C 语言源代码，就是**代码清单 10-9** 的样子。C 语言的 goto 语句表示跳转到指定的标签。

代码清单 10-9　将代码清单 10-8 中的流程用 C 语言描述

```
i = 0;                  // 将 0 赋值给循环变量
LBB1_1:                 // 循环入口标签
if (10 <= i)            // 判断 10 ≤ i 是否成立
{
    goto LBB1_4;        // 判断结果为真则跳转到 LBB1_4
}
MySub();                // 调用 MySub 函数
i++;                    // 将循环变量的值加 1
goto LBB1_1;            // 无条件跳转到 LBB1_1
LBB1_4:                 // 表示循环结束的标签
```

通过这段代码我们可以发现，使用了 for 语句的代码清单 10-7 显然更易懂。大家可能听说过“汇编语言是描述 CPU 工作流程的低级编程语言，而 C 语言是更符合人类习惯的高级编程语言”这样的说法，现在是不是对这句话的意义有更加切实的体会了呢？

10.11　条件分支的工作原理

下面我们来研究一下**条件分支**的工作原理。条件分支也是通过比较指令和跳转指令来实现的。**代码清单 10-10** 是一段 C 语言程序，它的功能是当局部变量 *a* 的值大于 100 时调用 MySubA 函数，否则调用 MySubB 函数。C 语言的条件分支是通过 if 语句来描述的，程序中调用的两个函数都是空函数。

将代码清单 10-10 另存为 list10_10.c 文件，然后在命令提示符中输入以下命令并按下回车键。这里我们依然指定了用于生成冗余代码的“-Od”选项。

```
bcc32c -c -Od -S list10_10.c
```

list10_10.c 编译后会生成汇编语言源代码 list10_10.s。我们将 list10_10.s 中 if 语句对应的代码抽出来，并为每一行添加注释，结果如**代码清单 10-11** 所示。C 语言的 if 语句会检查圆括号中的条件，如果条件为真则执行 if 块[①]中的语句，否则执行 else 块中的语句。与之相对，汇编语言源代码中的条件分支则是通过比较指令和跳转指令来实现的。

代码清单 10-10　包含条件分支的 C 语言源代码

```
// MySubA 函数的定义
void MySubA()
{
    // 不执行任何操作
}

// MySubB 函数的定义
void MySubB()
{
    // 不执行任何操作
}

// MyFunc 函数的定义
void MyFunc()
{
    int a = 123;

    // 根据条件调用对应的函数
    if (a > 100)
```

① C 语言中的块就是花括号（{}）所包围的区域。函数定义、for 语句、if 语句等都使用了块。

```
    {
        MySubA();
    }
    else
    {
        MySubB();
    }
}
```

代码清单 10-11 代码清单 10-10 转换成汇编语言的结果（节选）

```
    movl     $123, -4(%ebp)   # 将 123 存入局部变量 ─────────────────(1)
    cmpl     $100, -4(%ebp)   # 比较 100 与局部变量的值 ──────────────(2)
    jle      LBB2_2           # 如果 100 ≥ 局部变量的值则跳转到 LBB2_2 ─(3)
    calll    _MySubA          # 调用 MySubA 函数 ─────────────────────(4)
    jmp      LBB2_3           # 无条件跳转到 LBB2_3 ───────────────────(5)
LBB2_2:                       # 跳转目标标签 ─────────────────────────(6)
    calll    _MySub B         # 调用 MySubB 函数 ─────────────────────(7)
LBB2_3:                       # 跳转目标标签 ─────────────────────────(8)
```

下面来讲一讲代码清单 10-11 的内容。这个程序中使用的局部变量只有一个 *a*，程序会将 *a* 的值与 100 进行比较并执行条件分支。(1) 之前的部分在节选的代码中没有展示，其实在 (1) 之前我们已经将 esp 寄存器的值存入 ebp 寄存器了，因此现在我们可以通过 ebp 寄存器来访问栈空间。(1) 处的 movl $123, −4(%ebp) 中，−4(%ebp) 就是为局部变量 *a* 分配的空间，这里我们将它赋值为值 123。

(6) 处的 LBB2_2: 和 (8) 处的 LBB2_3: 分别定义了两个用于表示跳转指令跳转目标的标签。(2) 处的 cmpl $100, −4(%ebp) 表示将 100 与局部变量 *a* 的值进行比较，比较结果会存入 CPU 内部的标志寄存器。(3) 处的 jle LBB2_2 表示当标志寄存器中保存的比较结果为“小于等于”（less or equal）时，程序则跳转到 LBB2_2 标签处。跳转目标 (6)LBB2_2 后面的指令是 (7)，即 calll _MySubB，表示调用 MySubB 函数。

当 (3) 处的判断结果为不跳转时，程序会来到 (4) 处。(4) 处的 calll

_MySubA 表示调用 MySubA 函数。从函数返回后，程序继续执行 (5)。(6) 处的 jmp LBB2_3 表示无条件跳转到 (8)LBB2_3 处，如果没有这条跳转指令的话，程序就会依次执行 (6) 和 (7)，(7) 处的 calll _MySubB 指令又会调用 MySubB 函数（这是错误的）。

C 语言中的 if 条件分支在计算机内部就是这样通过比较指令和跳转指令来实现的。在 C 语言源代码中，我们指定当 if (a > 100)，即“变量 *a* 的值大于 100”这个条件为真时调用 MySubA 函数，否则调用 MySubB 函数。与之相对，在汇编语言源代码中，当“变量 *a* 的值小于等于 100”这个条件为真时调用 MySubB，否则调用 MySubA。二者对条件的描述是相反的。这是因为汇编语言中只有“条件为真时跳转”这种描述形式。如果将代码清单 10-11 的汇编语言源代码按照同样的流程用 C 语言描述，就是**代码清单 10-12** 的样子。从 C 语言的角度来看，这样的程序显得很奇怪，但计算机内部就是这样处理的。

代码清单 10-12　将代码清单 10-11 中的流程用 C 语言描述

```
a = 123;                // 将 123 赋值给局部变量
if (100 >= a)           // 判断 100 ≥ 局部变量的值是否成立
{
    goto LBB2_2;        // 判断结果为真则跳转到 LBB2_2
}
MySubA();               // 调用 MySubA 函数
goto LBB2_3;            // 无条件跳转到 LBB2_3
LBB2_2:                 // 跳转目标标签
MySubB()                // 调用 MySubB 函数
LBB2_3:                 // 跳转目标标签
```

10.12 体验汇编语言的意义

通过比较 C 语言和汇编语言源代码，大家应该对程序的工作原理有了更深入的理解，同时也应该能感到，相比汇编语言这样的低级编程语言，C 语言这样的高级编程语言更符合人类的习惯，不但更容易理解，编写的程序也更简短，这提高了编程的效率。既然既易懂又高效，那么我们平时在编写程序的时候，应当选择使用高级编程语言。

不过，尝试使用汇编语言也是十分重要的。特别是如果想成为专业程序员，一定要体验一次汇编语言。如果以开车来类比的话，没有体验过汇编语言的程序员，就像只知道怎么开车，却对汽车的工作原理一窍不通的驾驶员。一旦汽车出现故障，出现一些奇怪的情况，他们根本无法自己找到原因，而且由于不懂汽车的原理，他们开起车来油耗可能更高，这样的人显然做不了专业的驾驶员。而体验过汇编语言的程序员就像精通汽车工作原理的驾驶员，不但能够自己解决问题，开起车来油耗也更低。这就是体验汇编语言的意义。

本章的内容应该说是难度较高的，但对于理解计算机和程序最根本的工作原理来说，体验汇编语言是最有效的方法。已经掌握 C 语言的读者，不妨自己动手编写一些简短的程序，研究一下 C 语言的各种语法转换成汇编语言之后会变成什么样子。笔者个人感觉通过这样的体验大大提升了自己的编程技术。

下一章中，笔者将介绍 I/O 端口的输入输出和中断处理等通过程序来访问硬件的方法，也会用到少量的汇编语言。

第11章 访问硬件的方法

热身准备

进入正题之前，我为大家准备了一些热身问题，大家可以看看自己是否能够准确回答。

1. 汇编语言中用于外部设备输入输出的指令是什么？
2. I/O 的全称是什么？
3. 用于区分外部设备的编号叫什么？
4. IRQ 的全称是什么？
5. DMA 的全称是什么？
6. 用于区分使用 DMA 的外部设备的编号叫什么？

怎么样？有些问题是不是无法简单回答出来呢？下面给出笔者的答案和解析供大家参考。

1. in 指令和 out 指令
2. Input/Output（输入 / 输出）
3. I/O 地址或 I/O 端口号
4. Interrupt Request（中断请求）
5. Direct Memory Access（直接内存访问）
6. DMA 通道（DMA channel）

解析

1. 在用于 x86 架构 CPU 的汇编语言中，用 in 指令进行 I/O 输入，用 out 指令进行 I/O 输出。
2. 负责在计算机主机与外部设备之间进行输入输出的芯片称为 I/O 控制器，简称 I/O。
3. 为了区分连接到计算机上的不同外部设备，每个设备会被分配一个 I/O 地址。
4. IRQ 是指用于区分发出中断请求的外部设备的编号。
5. DMA 是指外部设备不经过 CPU 中转，直接与计算机内存传输数据。
6. 网络、磁盘等数据量大的外部设备会使用 DMA，不同设备会通过 DMA 通道来进行区分。

本章要点

有人说：“没有软件的计算机就是个单纯的盒子”，这句话的意思是，再先进的计算机设备（硬件），离开了软件也无法完成任何工作，真是一语中的。要想让硬件工作，就一定要有软件。前面的章节中，我们了解了要访问 CPU 这个硬件，需要使用编译器或者汇编器生成相应的本机代码，再将其加载到内存中运行。那么，我们又该如何访问 CPU 和内存之外的硬件设备呢？本章就来解答这个疑问。

11.1 应用程序是否与硬件有关

在使用 C 语言等高级编程语言编写 Windows 应用程序时，很少会见到直接访问硬件的指令。这是因为对硬件的访问已经由 Window 操作系统一手包办了。

然而，操作系统还是为应用程序提供了间接访问硬件的方法，那就是使用**系统调用**。在 Windows 中，系统调用也被称为 API（**图 11-1**）。每个 API 都是一个能够被应用程序调用的函数，这些函数的本体位于 DLL 文件中。

下面我们来看一个使用系统调用间接访问硬件的例子。假设我们要在窗口中显示一个字符串，这时可以调用 Windows API 中的 TextOut 函数[①]。TextOut 函数的语法请参见**代码清单 11-1**。我们发现其中确实没有涉及硬件的参数。注释为“设备上下文句柄”的参数 hdc（handle to

① 当需要向窗口或打印机输出字符串时，可以使用 Windows API 中提供的 TextOut 函数。C 语言提供的 printf 函数只能向命令提示符窗口输出字符串，并不能向窗口和打印机输出字符串。

device context）表示字符串和图像输出对象在 Windows 中的识别代码，并没有直接表示硬件。

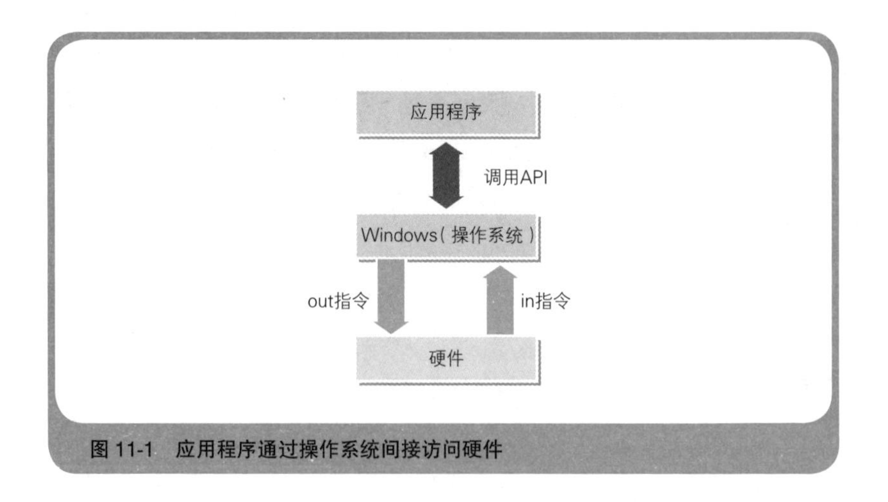

图 11-1 应用程序通过操作系统间接访问硬件

代码清单 11-1 TextOut 函数的语法（C 语言）

```
BOOL TextOut(
  HDC hdc,              // 设备上下文句柄
  int nXStart,          // 显示字符串的 x 坐标
  int nYStart,          // 显示字符串的 y 坐标
  LPCTSTR lpString,     // 指向字符串的指针
  int cbString          // 字符串长度
);
```

TextOut 函数的实际处理是由 Windows 完成的，那么 Windows 到底做了什么呢？从结果来看，一定是对显示器相关的硬件设备进行了访问。Windows 本身也是一种程序（软件），因此 Windows 是向 CPU 发出了某种指令，从而通过程序实现了对硬件的访问的。

11.2 负责硬件输入输出的 in 指令和 out 指令

Windows 使用输入输出指令来对硬件进行访问[①]，其中最具代表性的两个指令就是 in 和 out。这两个指令都是汇编语言的助记符，但应用程序并不能直接使用 in 和 out 指令，因为 Windows 禁止应用程序直接访问硬件。

in 指令和 out 指令的语法[②]如图 11-2 所示。这是 x86 架构 CPU 的 in 指令和 out 指令的语法。**in 指令**可以从指定编号的端口输入数据，并将其存入 CPU 内部的寄存器。**out 指令**可以将 CPU 寄存器中的数据输出到指定编号的端口。

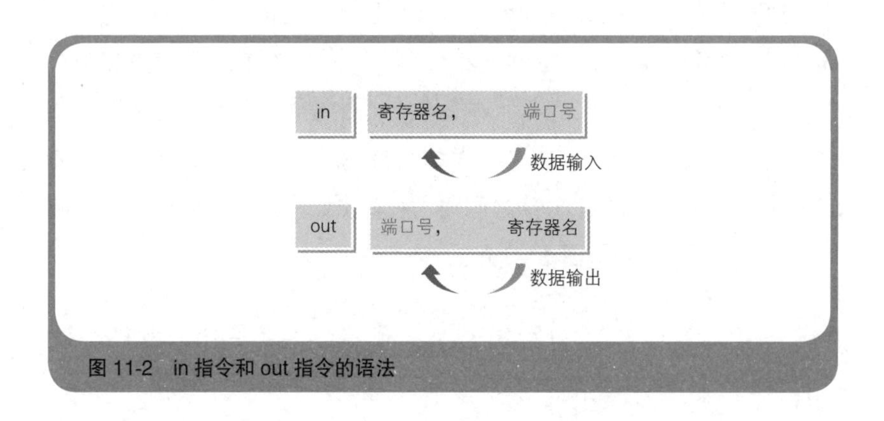

图 11-2 in 指令和 out 指令的语法

下面来讲一讲端口号和端口是什么。计算机主机上有用于连接显示器、键盘等外部设备的接口，这些接口内部都装有用于对主机和外

① 在 Windows 的功能中，负责硬件访问的部分称为 HAL（Hardware Abstraction Layer，硬件抽象层）。

② 这里的语法是 Intel 格式，在 AT&T 格式中，寄存器名和端口号的顺序是相反的。

部设备的电信号进行相互转换的芯片[1]，这些芯片统称为**I/O控制器**（简称为I/O）。由于数据格式和电压不同，所以计算机主机并不能和外部设备直接相连，为此我们需要使用I/O控制器。

I/O是Input/Output（输入/输出）的缩写，显示器、键盘等设备都有专用的I/O控制器。I/O控制器中有用于临时存放输入输出数据的存储器，这种存储器被称为**端口**。端口的英文单词port直译过来是港口的意思。之所以取这个名字，是因为端口就像计算机主机与外部设备之间交换货物的港口。I/O控制器内部的存储器有时也被称为寄存器，但这种寄存器和CPU内部的寄存器功能不同。CPU内部的寄存器可以参与运算，但I/O控制器内部的寄存器基本上只能用来临时存放数据。

I/O控制器芯片中有多个端口。计算机可以连接多个外部设备，于是就有多个I/O控制器，也就有多个端口。一个I/O控制器可以控制一个外部设备，也可以控制多个外部设备，因此我们就需要用**端口号**来区分不同的端口。端口号也被称为**I/O地址**。in指令和out指令通过端口号可以在指定端口和CPU之间输入和输出数据，这与通过内存地址来读写内存是一样的（**图11-3**）。

---

① 早期的计算机中，每个外部设备都有其专用的输入输出芯片，现代PC中将多个芯片进行了整合。

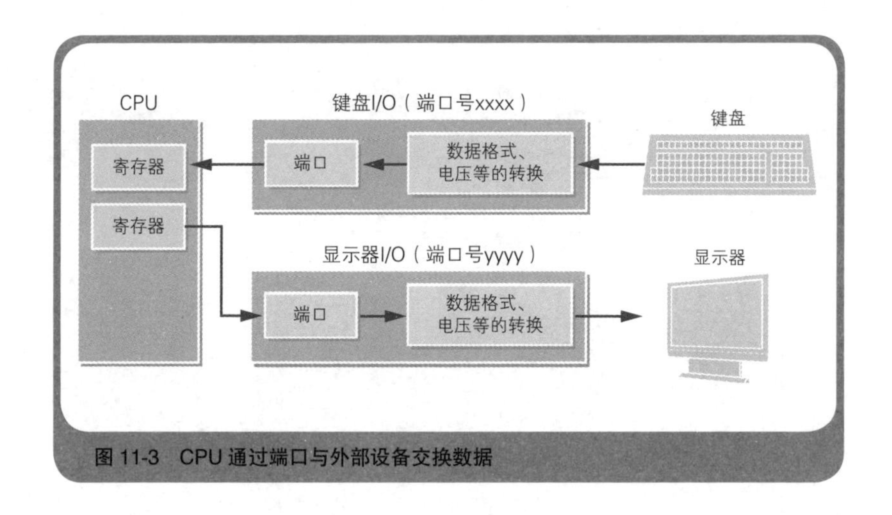

图 11-3 CPU 通过端口与外部设备交换数据

我们可以使用 Windows 设备管理器查看连接外部设备的 I/O 控制器的端口号。下面我们就以显示器为例来实际操作一下。右键点击 Windows“开始”按钮，从弹出的菜单中选择“设备管理器”。

打开设备管理器之后，在设备图标的列表中点击并展开“显示适配器”，右键点击其中的图标，在弹出的菜单中选择“属性”。在属性对话框中点击“资源”[①] 选项卡，在“资源设置”的“I/O 范围”右侧显示的数值就是端口号（**图 11-4**）。只要在 in 指令和 out 指令中指定这个端口号，就可以访问显示器的 I/O 控制器，完成输入输出操作。

① 分配给外部设备的资源包括 I/O 范围、IRQ、DMA、内存范围等。

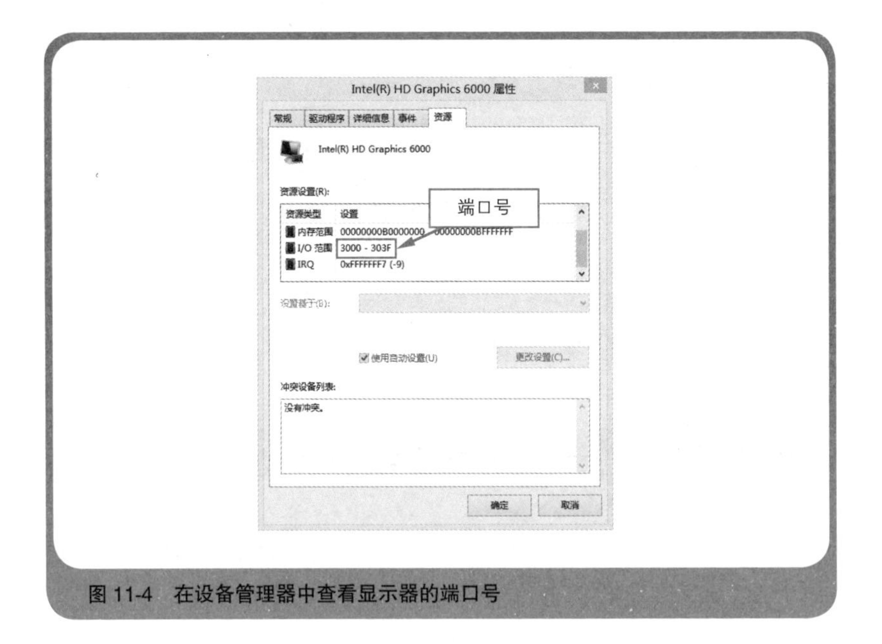

图 11-4 在设备管理器中查看显示器的端口号

11.3 外部设备的中断请求

请大家再看一下图 11-4。在“I/O 范围”下面还有一个“IRQ”项目，它的值为“0xFFFFFFF7 (−9)”[①]。IRQ 是**中断请求**的意思，那么它到底有什么用呢?

IRQ 是一种让当前正在运行的程序暂停，转而运行其他程序的机制，这被称为**中断处理**。中断处理在硬件控制中扮演着重要的角色。如果没有中断处理，有些任务就无法顺利进行。

① 0xFFFFFFF7(−9) 开头的 0x（数字 0 和字母 x）代表这是一个十六进制数。括号中的 −9 表示将这个数转换成带符号十进制数就是 −9，但是在这里负数是没有意义的，请大家注意这一点。

在进行中断处理时，被中断的程序（主程序）会暂停运行，直到中断处理程序运行完毕。这有点像在办公室处理文件时有电话打进来的情况，接听电话就相当于中断处理。如果没有中断功能的话，那么只能等到文件处理完之后再接听电话，这太不方便了，中断处理的价值就体现在这里。在办公室的场景中，我们可以先停下文件处理的工作去接听电话，接完电话之后再继续处理原来的工作。同样地，中断处理程序运行完毕之后，被暂停的主程序就可以恢复运行（**图 11-5**）。

图 11-5　中断处理就像在处理文件时接听电话

发出中断请求的是连接外部设备的 I/O 控制器，运行中断处理程序的是 CPU。要识别具体是哪个设备发出的中断请求，我们需要使用名为**中断号**的编号，而不是端口号。设备管理器属性的 IRQ 项目中显示的 0xFFFFFFF7(−9)，就表示由显示器发出的中断请求编号为 0xFFFFFFF7(−9)。

除了显示器，其他各种设备也会发出中断请求，因此需要对每个设备都分配一个中断号。在设备管理器的“查看”菜单中选择“依类型排序资源”，点击并展开“中断请求 (IRQ)”就可以查看设备和中断号的清单了（**图 11-6**）。

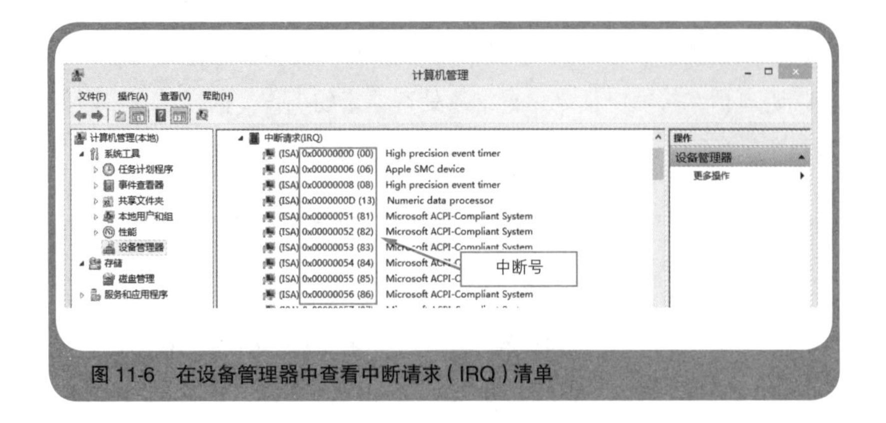

图 11-6　在设备管理器中查看中断请求（IRQ）清单

如果多个外部设备同时发出中断请求，CPU 就会陷入混乱。因此在 I/O 控制器和 CPU 之间还有一个**中断控制器**进行协调。中断控制器会将来自多个外部设备的中断请求依次交给 CPU 来处理（**图 11-7**）。

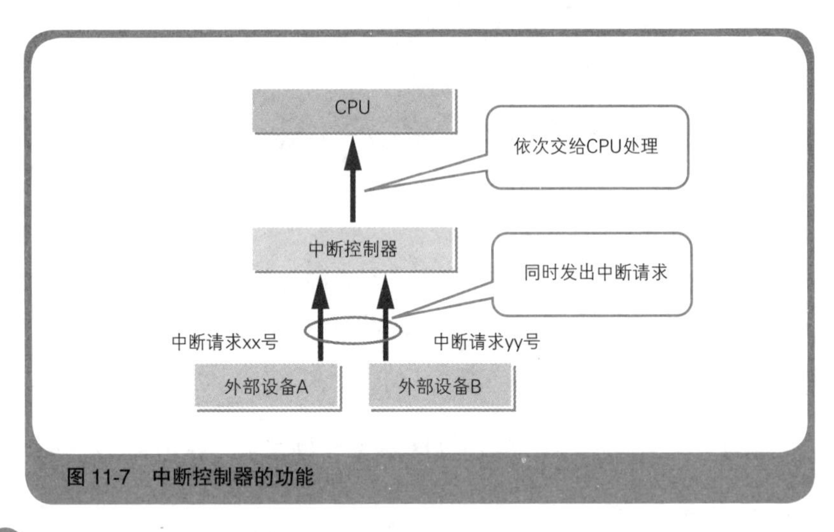

图 11-7　中断控制器的功能

CPU 接受来自中断控制器的中断请求之后，会从当前运行的主程序切换到中断处理程序。中断处理程序要做的第一件事，就是将 CPU 中所有寄存器的值都暂存到内存的栈空间中。当中断处理程序完成与外部设备之间的输入输出操作之后，最后还要将暂存到栈中的值恢复到寄存器中，继续运行主程序。如果不将 CPU 寄存器的值恢复到中断处理之前的状态，主程序的运行就会受到影响，在最坏的情况下程序会卡死或者出现混乱，导致系统崩溃。在主程序运行过程中，一定会出于某种目的使用 CPU 内的寄存器，如果这时突然切换到另一个程序，在中断处理结束后所有寄存器的值就必须恢复到中断前的状态，因为只要寄存器的值没变，主程序就可以像什么事都没有发生过一样继续运行（图 11-8）。

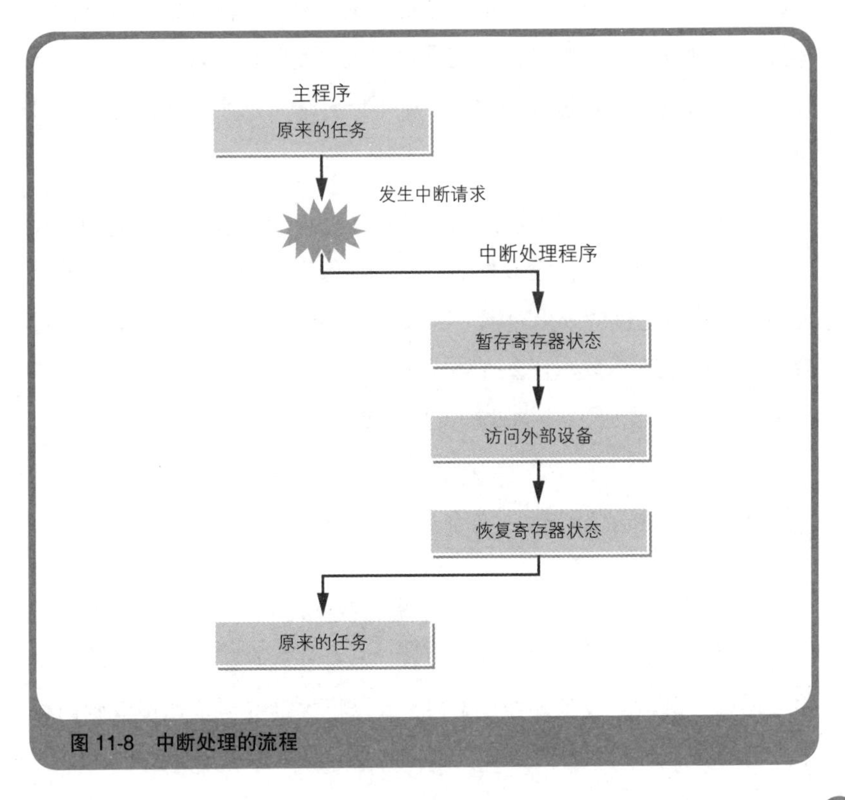

图 11-8　中断处理的流程

11.4 通过中断实现实时处理

那么，在主程序运行过程中，到底会发生多少次中断呢？其实，几乎所有的外部设备都会频繁地发出中断请求，这是因为外部设备输入的数据需要实时进行处理。当然，不使用中断也可以从外部设备输入数据，但在这种情况下主程序就需要不断查询外部设备有没有要输入的数据。

外部设备的数量很多，因此需要依次查询。依次查询多个外部设备状态的操作称为**轮询**（polling）。轮询适用于那些不频繁产生中断的系统，但不适用于个人计算机。如果在查询鼠标有没有输入数据的时候按下了键盘会怎样呢？输入的字符就无法实时显示在屏幕上了。实际上，使用中断来处理键盘输入，就可以将输入的字符实时显示在屏幕上了。

像打印机等专门用来输出的外部设备，也会通过中断来通知计算机自己是否处于可以接收数据的状态。外部设备的数据处理速度要远远慢于计算机主机的处理速度。如果仅当 CPU 收到中断请求时才发送数据，主程序就不必一直去查询设备的状态，CPU 就可以有更多的时间来运行其他程序了。中断处理可真方便。

11.5 能够快速传输大量数据的 DMA

除了 I/O 和中断处理，还有一个机制希望大家了解，那就是 DMA。DMA 是指外部设备不经过 CPU 中转，直接和内存进行数据传输，常用于网络、磁盘等设备。使用 DMA 可以将大量数据快速传输到内存中，它能够节省 CPU 中转所需的时间，而且还可以避免高速的 CPU 等待低速的外部设备，从而提高其他任务的处理效率。

DMA 是通过名为 **DMA 控制器**（DMA Controller，DMAC）的芯片实现的。DMA 控制器中有多个用于进行 DMA 的窗口，这些窗口通过名为 **DMA 通道**的编号来进行区分，进行 DMA 的外部设备也是通过分配给它们的 DMA 通道来进行区分的。

与 DMA 相对，通过 CPU 在外部设备和内存之间传输数据的方式称为 **PIO**（Programmed I/O）。**图 11-9** 展示了 PIO 与 DMA 的差别。这里我们仅以外部设备将数据输入到内存为例，反过来将内存中的数据输出到外部设备的情况也是一样的。

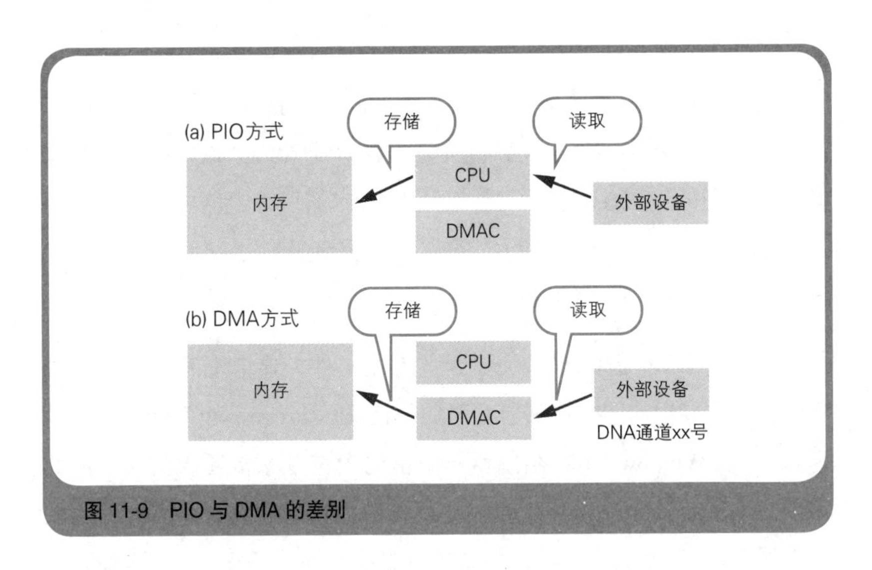

图 11-9　PIO 与 DMA 的差别

I/O 端口号、IRQ 和 DMA 通道可以说是识别外部设备的“三件套”。但是，IRQ 和 DMA 通道并不是每个外部设备都必备的。计算机主机通过软件访问硬件所必需的信息其实只有 I/O 端口号。只有需要进行中断处理的外部设备才需要 IRQ，只有需要进行 DMA 的外部设备才需要 DMA 通道。如果多个设备被设置为同一个 I/O 端口号、IRQ 或 DMA 通道，计算机就无法正常工作。出现这种情况时，设备管理器中就会出现“设备冲突”的提示，这里的**冲突**就是使用了相同编号的意思。

11.6 显示字符和图像的原理

最后来讲一讲显示器显示字符和图像的原理。简单来说，计算机中有一个用于保存要显示的信息的存储器，这一存储器称为**显存**（Video RAM，VRAM）。程序只要将数据写入显存，数据就可以在显示器上显示出来。

在曾经的 MS-DOS 时代，显存就是内存（主存储器）的一部分。例如，当时的 PC-9801 型计算机，其内存地址 A0000 以后的空间是作为显存使用的。程序将数据写入显存所对应的地址，就可以显示出字符和图像。但是，当时能显示的字符和图像最多只有 16 色，这是因为显存的容量较小（图 11-10a）。

现在的 PC 一般配有名为显卡的专用硬件，显卡上装有独立于内存的显存和专用的图像处理器 GPU（Graphics Processing Unit，图形处理器）。在 Windows 中，绘制色彩丰富的图像是家常便饭的事，因此需要数 GB 的显存。此外，为了提高图像显示的速度，还需要专用的处理器（图 11-10b）。但是，将显存中的数据显示出来这一基本原理没有改变。

用软件来访问硬件听起来好像是一个很难的话题，但其实所做的只是和外部设备输入输出数据而已。中断处理和 DMA 都是十分方便的机制，大家可以将其理解为可根据需要使用的可选功能。

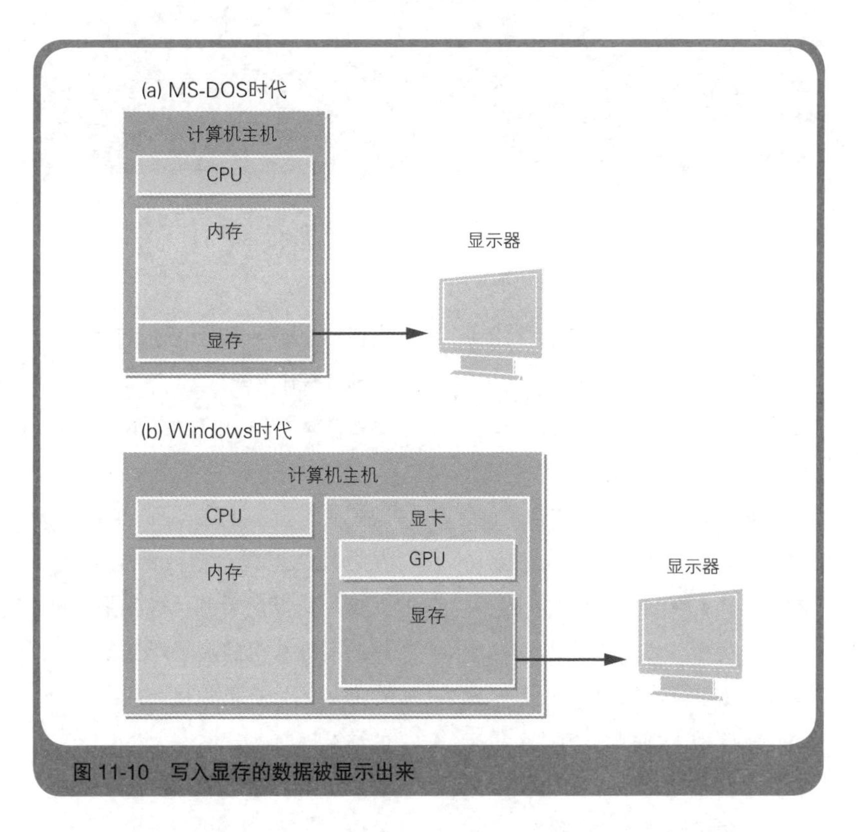

图 11-10 写入显存的数据被显示出来

在计算机世界中，新的技术不断涌现，但计算机所能完成的工作，无非是从外部设备输入数据，将数据存入内存，用 CPU 进行运算，然后将数据输出到外部设备，这些东西从未改变。程序的内容究其根本也只是数据的输入、存储、运算和输出而已[①]。无论是计算机还是程序，其本质都是十分简单的。

下一章，我们将使用 Python 编程语言，简单体验一下如何让计算机“学习”。

① 汇编语言的指令也可以分为输入、存储、运算和输出四大类。至于那些改变处理流程的调用指令、返回指令、跳转指令等，它们所执行的操作也只是间接地设置 CPU 内部的程序计数器的值，因此也属于运算类指令。

如果是你，你会怎样讲呢？

给邻居老奶奶讲解显示器与电视机的区别

笔者：老奶奶您好，最近身体还好吗？

老奶奶：你好，我身体挺好的。

笔者：您喜欢看什么电视节目呢？

老奶奶：我最近在看《水户黄门》《暴坊将军》这些重播的老电视剧，年轻人看的节目都太吵闹了，我不喜欢看。

笔者：您喜欢看古装剧呀，其实我也挺喜欢的。“你看不到这个印笼吗！”（水户黄门）、“我的长相你都不记得了吗！”（暴坊将军），这些台词都太棒了。

老奶奶：哎呀，你这么年轻，难得喜欢这些。你是做什么工作的？

笔者：我是做计算机相关工作的。

老奶奶：计算机的工作啊，那要天天对着电视机了，眼睛很累吧。

笔者：您知道的可真多，不过，计算机的屏幕可不是电视机，上面也不会播电视剧。

老奶奶：是吗？那计算机的电视机上都播些什么呢？

笔者：那个不叫电视机，而是叫显示器。电视机的英文是 television，就是“看到远处的东西”的意思。在远处的电视台播放的电视剧，在您家里就能看到，这就是电视机。而计算机的显示器显示的是它旁边的计算机主机上程序运行的结果。

老奶奶：你说的东西那么难，我听不懂。

笔者：抱歉。那我从计算机的功能说起吧。计算机有很多功能，比如公司里的计算机可以用来写文件和记账。

老奶奶：？？？

笔者：我这么说可能有点冒犯，在您那个时代，大家用的是纸质的文档和账本，但现在计算机已经非常普及，人们不再用纸，而是用计算机来写文件和记账了。

老奶奶：？？？

笔者：（坏了，老奶奶不说话了……有了！）老奶奶，计算机的显示器上显示的就是文件和账本，人们就是看着这些东西来工作的。

老奶奶：那怎么往电视机显示的文件和账本上写字呀？

笔者：（呀，老奶奶终于开口了）可以用键盘呀。键盘上面有很多印着字母和数字的按钮，按下去就可以写出文字了。计算机的显示器、键盘和主机都是配套的。

老奶奶：计算机原来是用来写字的啊，我第一次听说呢。

笔者：呃，您要这么说也没毛病。

老奶奶：计算机的电视机会显示字，对吧？

笔者：（都说了不是电视机，是显示器！）没错，您说得对！

老奶奶：如果计算机的电视机也能播电视剧就更方便了，可以一边工作一边看电视剧。

笔者：您这个主意可真不错！其实，如果装上一个电视调谐器的话，计算机的显示器也可以用来看电视剧。

老奶奶：那不还是跟电视机一样吗？

笔者：呃，您这么说也没毛病。

第12章

如何让计算机“学习”

热身准备

进入正题之前，我为大家准备了一些热身问题，大家可以看看自己是否能够准确回答。

1. 什么是机器学习（Machine Learning，ML）?
2. 分类问题是机器学习的主题之一，那么什么是分类问题呢?
3. SVM 是一种机器学习算法，它的全称是什么?
4. 为什么在机器学习领域经常使用 Python ?
5. 在分类问题的机器学习中，学习器和分类器分别是什么?
6. 机器学习中的 cross validation 中文叫什么?

怎么样？有些问题是不是无法简单回答出来呢？下面给出笔者的答案和解析供大家参考。

1. 让计算机自己进行学习
2. 对数据进行正确的识别和分类
3. 支持向量机（Support Vector Machine）
4. 因为 Python 提供了很多机器学习相关的库，我们可以通过解释器方便地使用这些功能
5. 学习算法和学习好的模型
6. 交叉验证

解析

1. 在机器学习中，我们使用学习程序让计算机读取大量数据并根据数据特征自己进行学习。
2. 本章中，笔者会介绍手写数字识别这个分类问题的实例。具体来说就是对手写数字图像数据进行识别，并将其分类为数字 0 ~ 9。
3. 本章中，针对手写数字识别问题，我们会使用支持向量机算法。
4. 本章中，我们会使用 scikit-learn 这个机器学习库，只需要几行代码就可以体验机器学习。
5. 在分类问题的机器学习中，我们将学习算法称为学习器，将作为学习结果得到的模型称为分类器。模型就是用于识别的机制。学习器和分类器的本质都是程序。
6. 交叉验证是一种不断轮换编写学习器所使用的训练数据和分类器所使用的测试数据来进行机器学习的方法。由此，我们可以检验学习模型的识别率是否存在因学习数据的类型而出现偏差的情况。

本章要点

本章是本书第 3 版修订时新加的内容。笔者将使用 Python 编程语言来介绍一下能让计算机自己学习的“机器学习”。机器学习有很多不同的方法，我们会用尽量简单的步骤来体验其中一部分内容，希望大家能够从中有所收获。本章的主题是识别手写数字。

12.1 什么是机器学习

机器学习指的是让计算机这种机器来学习。假设我们要让计算机识别手写数字 0～9。如果用于识别的程序都由人来编写，那就不是机器学习了。在**机器学习**中，程序员只编写用于学习的程序，这个程序的内容是让计算机读取大量数据，然后学习这些数据的特征，并生成一个识别模型。这里，模型指的是识别机制（后面会展示具体的模型示例）。

机器学习有很多不同的方法，这里要介绍的是有监督学习（supervised learning）[①]。**有监督学习**就是给计算机提供大量带正确答案的数据。以识别手写数字为例，我们可以给计算机提供大量手写数字的图片，并为每张图片配上它所代表的 0～9 中的正确数字。这里的正确答案就充当了“监督者”的角色。有监督学习适用于手写数字识别这样的分类问题[②]领域。图 12-1 展示了**分类问题**中有监督学习的步骤。

① 机器学习的方法大体上可分为有监督学习、无监督学习和强化学习。

② 适用于有监督学习的领域包括分类问题和回归问题。

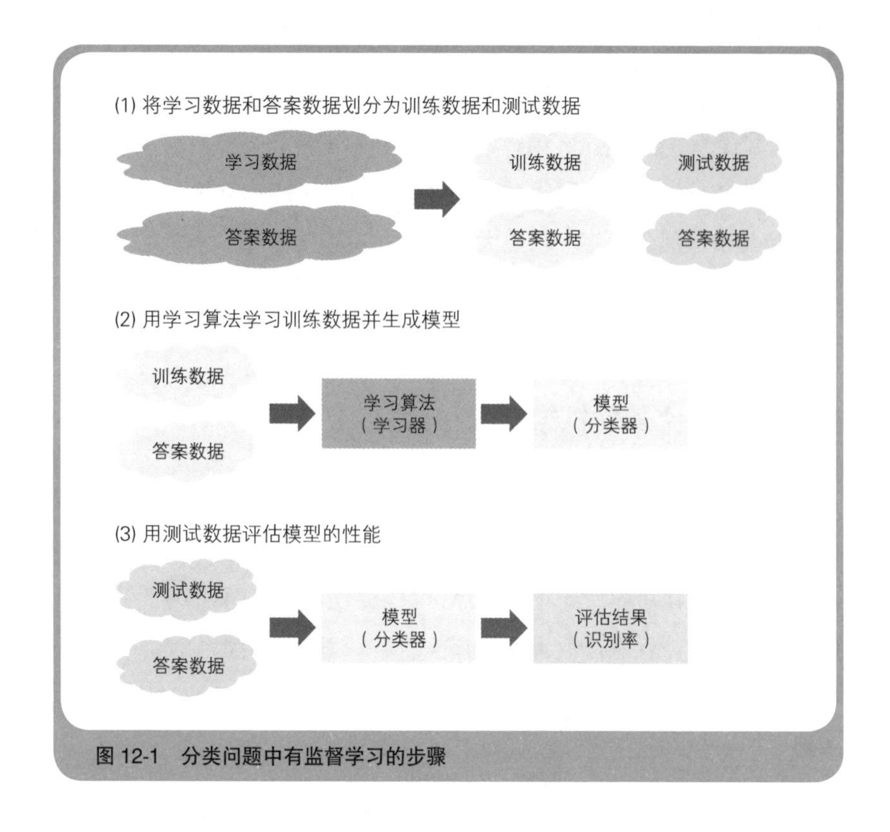

图 12-1　分类问题中有监督学习的步骤

首先，我们将大量的**学习数据**和**答案数据**（学习数据的正确答案）划分成训练数据和测试数据。

然后，使用训练数据，通过学习算法让计算机进行学习并生成模型。学习算法也称为学习器，学习后生成的模型也称为分类器。这两个术语里面虽然都有一个“器”字，但它们在本质上都是程序。用这两个术语来重新解释机器学习的话就是用程序员编写的学习器程序让计算机进行学习，学习的成果就是计算机所生成的分类器程序。

最后，我们使用测试数据对分类器的性能进行评估。如果评估结果显示分类器的识别率达到了一定的水平，那么这个分类器就可以用来对新数据（没有正确答案的数据）进行识别了。

说到这里，想必有些读者还找不到感觉，但大家只要实际体验一下，就能够理解这些术语的含义了。

12.2 支持向量机

人们已经提出了几种机器学习的学习算法。这里我们使用支持向量机，它是一种适用于分类问题的有监督学习算法。笔者以一个单纯的分类问题为例，介绍一下支持向量机的原理。假设我们要对猫和狗进行分类（图 12-2）。

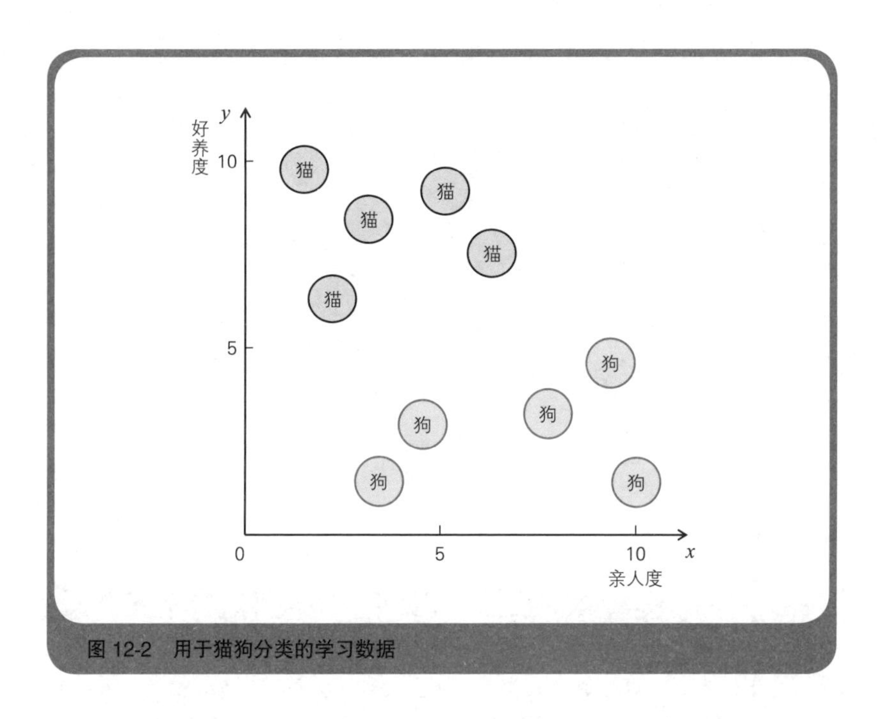

图 12-2 用于猫狗分类的学习数据

假设有猫和狗各 5 只，我们对它们按“好养度”（上厕所训练的容易度）和“亲人度”（对主人的服从度）进行打分，满分 10 分。然后，我们以“好养度”为纵轴（y 轴），以“亲人度”为横轴（x 轴），将打分结果画成图，如图 12-2 所示。这就是猫狗分类的学习数据（虚构的数据）。

为了使用图 12-2 中的图来识别猫和狗，我们可以在图上画出一条边界线。这条边界线需要让位于边界附近的猫和狗的数据点和边界线保持尽量大的间隔（距离）。这些位于边界线附近的猫和狗的数据点称为支持向量，支持向量机算法就用来求出与支持向量的间隔最大的边界线。**图 12-3** 展示了一种边界线的画法。我们假设这条边界线为一条用 $y=ax+b$ 表示的直线[①]。支持向量机的学习器就可以根据提供的学习数据，求出上述表达式中的 a 和 b。

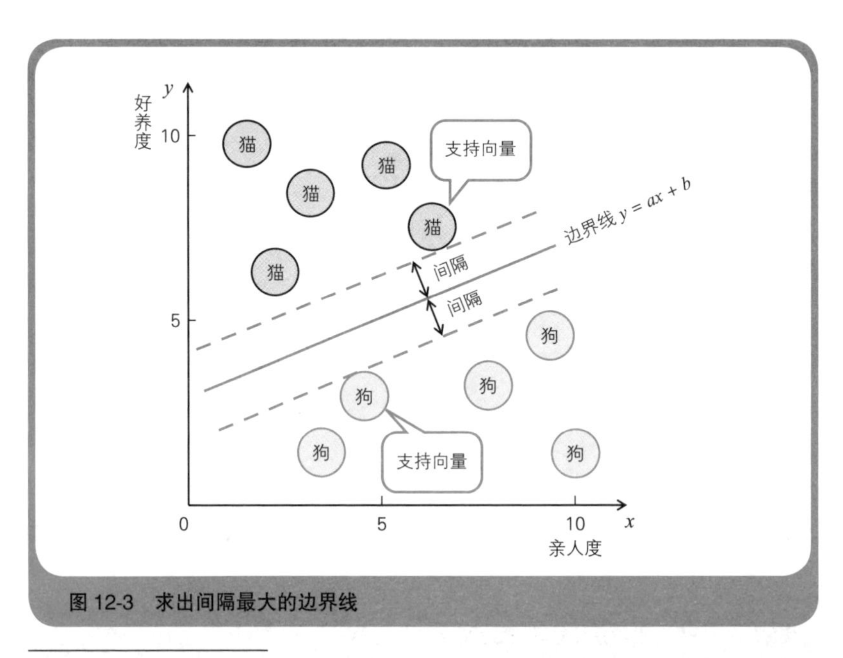

图 12-3 求出间隔最大的边界线

① 对于用直线难以划分的数据，我们可以将 x-y 平面上的二维数据映射到 x-y-z 的三维空间中，并使用平面来进行划分。这种方法被称为“核方法”（kernel method）。

假设学习器求出了 $a=\frac{2}{5}$、$b=3$ 的结果，这时边界线的表达式就是 $y=\frac{2}{5}x+3$。这里的 $y=\frac{2}{5}x+3$ 就是猫狗分类的模型。分类器使用这个表达式就可以对新的数据进行分类了。例如，**图 12-4** 中标有“?”的数据点位于 $y=\frac{2}{5}x+3$ 上面，因此会被识别为猫。

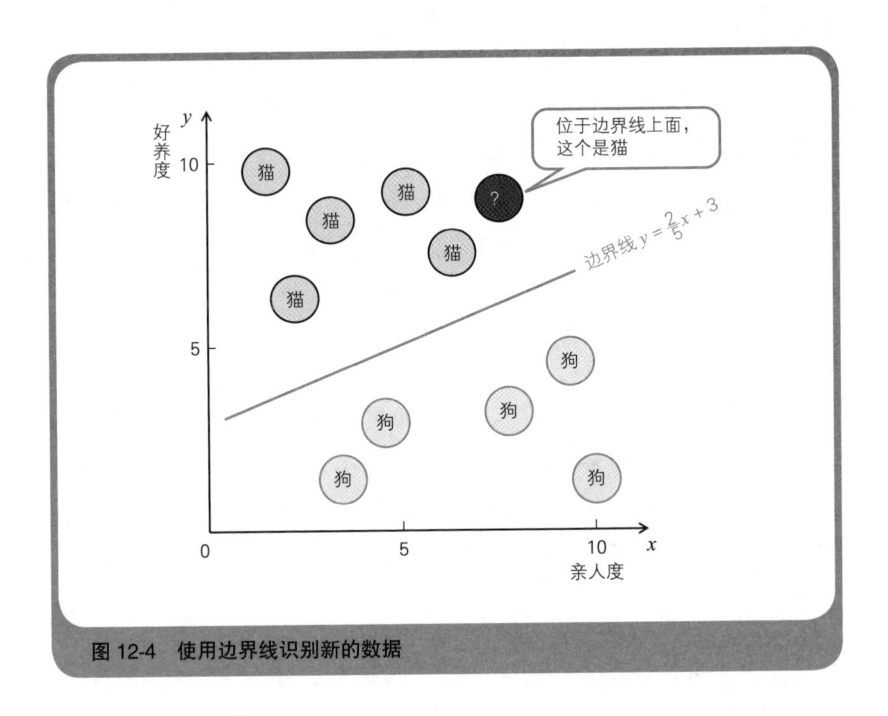

图 12-4 使用边界线识别新的数据

数据分类的数量称为分类（class）数。在猫狗识别的例子中，分类数为 2（猫、狗）。一个数据所拥有的用于分类的信息称为特征量，特征量的数量称为维数。在猫狗识别的例子中，特征量的维数为 2（好养度、亲人度）。只要增加图上坐标轴的数量以及代表边界线的表达式项数，支持向量机就可以解决分类数和维数较大的问题。

 12.3 Python 交互模式的使用方法

机器学习中经常会使用编程语言 Python[①]，原因是 Python 中提供了包含各种机器学习相关功能的库。此外，Python 是一种基于解释器[②]的语言，这意味着我们可以用简短的程序来试验这些库的功能。本章中，我们将使用一个名为 Anaconda[③]的工具，它是一个包含 Python 本身和各种库的套件。

Python 运行程序的方法分为两种，一种是用 Python 解释器对事先编写好的源代码进行解释执行的脚本模式（script mode），另一种是直接启动 Python 解释器，通过键盘逐行输入程序并解释执行的交互模式（interactive mode）。我们会在后面体验机器学习的过程中使用交互模式。

先来介绍一下交互模式的使用方法。在 Windows 中安装 Anaconda 后，“开始”菜单中会出现一个“Anaconda3 (64bit)”文件夹。点击运行该文件夹中的“Anaconda Prompt (anaconda3)”，该程序会弹出一个命令提示符窗口，这时用键盘输入 python 并按下回车键，就会启动 Python 解释器，屏幕上会显示 >>> 提示符（提示用户输入的字符串）。这就是交互模式。

在交互模式中，输入程序并按下回车键后，程序就会被立即执行。

---

① 本书的附录 2 中介绍了 Python 的基本语法。

② 程序运行方式可分为编译型和解释型两种。在编译型语言中，编译器会将源文件一次性编译成可执行文件，然后运行可执行文件。在解释型语言中，解释器会逐行解释和运行源文件中的内容。

③ Anaconda 可以从 ituring.cn/article/510267 中相应的网址进行下载。运行下载的 EXE 文件就可以启动 Anaconda 的安装程序。

在 Python 中，有一个用于在屏幕上显示数据的 print 函数，但是在交互模式中，我们不需要使用 print 函数，只要直接输入变量名并按下回车键，就可以让变量的值显示出来，输入函数名并按下回车键就可以显示函数的返回值。

例如，在**代码清单 12-1** 中，(1) 处的 a = 123 + 456 表示将 123 与 456 的和赋值给变量 a。(2) 处只有一个 a，表示在屏幕上显示变量 a 的值。(3) 处的 sum([1, 2, 3, 4, 5]) 表示调用用于求和的 sum 函数，求出列表 [1, 2, 3, 4, 5]（Python 中的列表相当于 C 语言中的数组）的总和，此时屏幕上会显示 sum 函数的返回值。我们需要输入的程序是 >>> 后面的部分，开头没有 >>> 的 579 和 15 是显示出来的程序运行结果。

代码清单 12-1　交互模式中显示的变量值和函数的返回值

```
>>> a = 123 + 456 ———————————————— (1)
>>> a ———————————————————————————— (2)
579
>>> sum([1, 2, 3, 4, 5]) ————————— (3)
15
```

Python 中可供程序使用的各种功能都以函数或对象的形式来提供。**函数**一般提供单一功能，**对象**一般提供复合功能。使用对象功能的语法是“对象名 . 功能名”。Python 标准的内置函数和对象是可以直接使用的，但机器学习中使用的特殊函数和对象，需要通过 import 命令导入后使用。

导入在 Python 中就是“使用非标准功能”的意思。例如，在**代码清单 12-2** 中，我们从提供各种数学函数的 math 模块中导入了求平方根的 sqrt 函数（sqrt = square root，平方根），然后用它来求 5 的平方根。模块就是包含多个函数和对象的文件。(1) 处的 from math import sqrt 表示“从 math 模块导入 sqrt 函数”。执行这条语句之后，我们就可以使用 sqrt 函数了。(2) 处的 sqrt(5) 表示调用 sqrt 函数求 5 的平方根，并显示函数的返回值。

代码清单 12-2　从 math 模块中导入 sqrt 函数并使用它

```
>>> from math import sqrt ———————————————— (1)
>>> sqrt(5) ———————————————————————— (2)
2.23606797749979
```

要退出 Python 解释器，需要在 >>> 提示符后面输入 exit() 并按下回车键。exit 是内置函数。

12.4　准备学习数据

接下来我们就以识别手写数字为主题，实际体验一下机器学习。在机器学习中，我们需要学习数据和学习器，这里使用 Anaconda 自带的 scikit-learn 库所提供的学习数据和学习器。除 scikit-learn 之外，我们还使用了用于绘制可视化图表的 matplotlib 库，这个库也是 Anaconda 自带的。

首先来确认一下 scikit-learn 提供的手写数字学习数据包含哪些字段。学习数据的量不大，不具备实用价值，只能当玩具来用，因此被称为“玩具数据集”（toy dataset），但是对体验机器学习来说已经足够了。

接下来我们用 Python 的交互模式运行一下**代码清单 12-3** 中的程序。

代码清单 12-3　确认手写数字学习数据中的字段

```
>>> from sklearn import datasets——————————————— (1)
>>> digits = datasets.load_digits() ———————————— (2)
>>> dir(digits) —————————————————————————— (3)
['DESCR', 'data', 'feature_names', 'frame', 'images', 'target',
 'target_names']
```

下面来讲解一下程序的内容。(1) 处从 sklearn 模块导入了 datasets 对象。(2) 处使用 datasets 对象中的 load_digits 方法，将手写数字的数据集加载到内存，并赋值给变量 digits。方法指的是对象所具有的功能。(3) 处使用 Python 内置的 dir 函数提取出变量 digits 的数据集中所包含的字段。显示结果中的 DESCR、data 等就是字段的名称。

DESCR 是数据集的描述（description）。data 是手写数字的图像数据。images 是将手写数字图像数据按 8 行 8 列格式化后的数据。target 是手写数字的答案数据。target_names 是答案数据的含义（这里是数字 0～9）。

在识别手写数字时，需要将图像数据分成 0～9，共 10 个类别，因此分类数为 10。每个数字的图像数据有 8×8=64 个信息，因此特征量的维数为 64。每个特征量都是字符中的一个像素点，其浓淡以数值 0～16 来表示。手写数字的数据一共有 1797 条，我们可以通过数据名 [0]～数据名 [1796][①] 的格式访问其中每条数据。

12.5 查看手写数字数据的内容

下面我们来看一看手写数字数据的内容。请大家在 Python 的交互模式中输入**代码清单 12-4** 中的程序并运行。这里我们随便选一条数据来显示，比如编号为 1234 的数据。

代码清单 12-4 查看手写数字学习数据的内容

```
>>> from sklearn import datasets ——————————————————————— (1)
>>> digits = datasets.load_digits() ——————————————————— (2)
>>> digits.data[1234] ——————————————————————————————————— (3)
array([ 0.,  1., 12., 16., 14.,  8.,  0.,  0.,  0.,  4., 16.,  8., 10.,
```

① Python 中第 1 条数据的编号为 0，因此 1797 条数据的编号是 0～1796。

```
       15.,  3.,  0.,  0.,  0.,  0.,  0.,  5., 16.,  3.,  0.,  0.,  0.,
        0.,  1., 12., 15.,  0.,  0.,  0.,  0.,  0., 10., 16.,  5.,  0.,
        0.,  0.,  0.,  5., 16., 10.,  0.,  0.,  0.,  0.,  1., 14., 15.,
        6., 10., 11.,  0.,  0.,  0., 13., 16., 16., 14.,  8.,  1.])
>>> digits.images[1234] ———————————————————————————— (4)
array([[ 0.,  1., 12., 16., 14.,  8.,  0.,  0.],
       [ 0.,  4., 16.,  8., 10., 15.,  3.,  0.],
       [ 0.,  0.,  0.,  0.,  5., 16.,  3.,  0.],
       [ 0.,  0.,  0.,  1., 12., 15.,  0.,  0.],
       [ 0.,  0.,  0., 10., 16.,  5.,  0.,  0.],
       [ 0.,  0.,  5., 16., 10.,  0.,  0.,  0.],
       [ 0.,  1., 14., 15.,  6., 10., 11.,  0.],
       [ 0.,  0., 13., 16., 16., 14.,  8.,  1.]])
>>> digits.target[1234] ———————————————————————————— (5)
2
```

下面来讲解一下程序的内容。(1) 和 (2) 处和**代码清单 12-3** 中的程序是一样的，如果已经运行过上面的程序，就不需要输入这两行了。(3) 处的 digits.data[1234] 的运行结果就是显示 64 个数值，它们代表一个数字的图像数据（64 维特征量）。(4) 处的 digits.images[1234] 的运行结果就是将表示一个数字的图像数据以 8 行 ×8 列的格式显示出来。其中 0 表示白色，数字越大颜色越深，我们应该可以隐约看出是一个“2”的形状。(5) 处的 digits.target[1234] 的运行结果就是显示这个数字的正确答案。这里显示的结果为 2，表示数字为 2。

我们可以使用 matplotlib 库将手写数字的数据以可视化的形式显示出来。**代码清单 12-5** 就是将 digits.images[1234] 的内容进行可视化显示的程序。(1) 和 (2) 处和之前的程序一样，如果已经运行过之前的程序，就不需要输入这两行了。(3) 处从 matplotlib 模块中导入 pyplot 对象，并给它设置了较短的别名 plt。(4) 处将 digits.images[1234] 的内容以灰度[①] 形式绘制出来。(5) 处将绘制好的图像显示出来。

① 灰度（grayscale）是指将图像数据的值用对应深浅的灰色来替换。

代码清单 12-5　将手写数字图像数据进行可视化显示

```
>>> from sklearn import datasets ——————————————— (1)
>>> digits = datasets.load_digits() ——————————— (2)
>>> import matplotlib.pyplot as plt ——————————— (3)
>>> plt.imshow(digits.images[1234], cmap="Greys") ——— (4)
<matplotlib.image.AxesImage object at 0x00000290C7707190>
>>> plt.show() ———————————————————————————— (5)
```

运行这个程序之后，窗口中会显示出图像，具体如**图 12-5** 所示。我们可以看出是一个“2”的形状。确认运行结果之后，可以点击窗口右上角的“×”按钮关闭窗口。

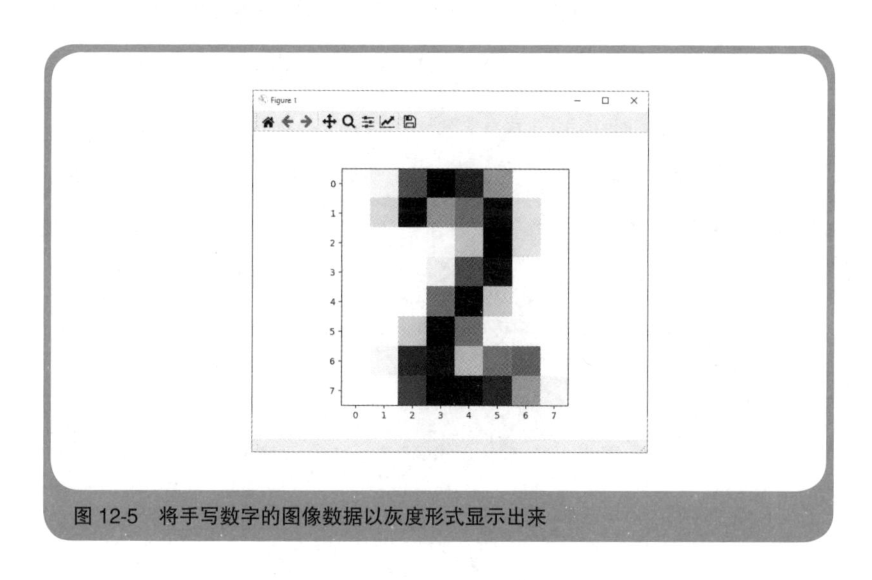

图 12-5　将手写数字的图像数据以灰度形式显示出来

12.6　通过机器学习识别手写数字

刚才我们已经确认了手写数字数据集的内容，下面就来体验一下机器学习吧。这里我们将 1797 条手写数字数据的三分之二用作训练数据，剩下的三分之一用作测试数据。我们先来复习一下机器学习的步骤。

机器学习的步骤

(1) 将学习数据和答案数据划分为训练数据和测试数据

(2) 用学习算法学习训练数据并生成模型

(3) 用测试数据评估模型的性能

大家可能会认为，要实现这些步骤，一定需要编写又难又长的程序才行，但其实并非如此，每个步骤只需要几行程序就可以实现。请大家在 Python 的交互模式中运行**代码清单 12-6** 中的程序。

代码清单 12-6　通过机器学习识别手写数字

```
>>> from sklearn import datasets ———————————————— (1)
>>> digits = datasets.load_digits() ———————————— (2)
>>> from sklearn.model_selection import train_test_split ———— (3)
>>> d_train, d_test, t_train, t_test = \ ————————— (4)
... train_test_split(digits.data, digits.target, train_size=2/3)
>>> from sklearn import svm ———————————————————— (5)
>>> clf = svm.SVC() ———————————————————————————— (6)
>>> clf.fit(d_train, t_train) —————————————————— (7)
SVC()
>>> clf.score(d_test, t_test) —————————————————— (8)
0.9803600654664485
```

下面来讲解一下程序的内容。(1) 和 (2) 处和之前的程序一样，如果已经运行过之前的程序，就不需要输入这两行了。

(3) 处从 sklearn.model_selection 模块中导入 train_test_split 函数。(4) 处的 d_train, d_test, t_train, t_test = train_test_split(digits.data, digits.target, train_size=2/3) 是一行语句，因为太长我们在中间进行了换行。在一行程序的末尾输入一个“\”字符就可以实现换行，换行后下一行的开头会显示“...”。

train_test_split(digits.data, digits.target, train_size=2/3) 表示将手写数字图像数据 digits.data 和答案数据 digits.target 按照 2/3 的比例（train_size=2/3）随机分割出一部分生成训练数据。随机分割后的数据会依次赋值给左边的 d_train、d_test、t_train、t_test 变量（**表 12-1**）。在 Python 中，函数和方法是可以返回多个返回值的。当有多个返回值时，左边也要有多个相应的变量用于赋值，变量之间以逗号分隔。

表 12-1　将数据集分割为训练数据和测试数据

数据集	训练数据（2/3）	测试数据（1/3）
学习数据（digits.data）	d_train	d_test
答案数据（digits.target）	t_train	t_test

(5) 处从 sklearn 模块中导入了 svm 对象（svm 代表 support vector machine，也就是支持向量机）。svm 对象提供了支持向量机相关的各种功能。

(6) 处使用 svm 对象的 SVC 方法（SVC = SVM Classification，用支持向量机分类）来生成学习器对象，并将其命名为 clf（clf = classifier，分类器的意思）。

(7) 处以训练数据 d_train 和 t_train 为参数，调用学习器对象的 fit 方法，这样计算机就会进行机器学习并生成模型（分类器）。学习得到的模型保存在学习器对象内部。

(8) 处以测试数据 d_test 和 t_test 为参数，调用学习器对象的 score 方法。由此对学习得到的模型进行性能评估，得到模型的识别率（测试数据中识别正确的百分比）。运行后的结果显示识别率为 0.980 360 065 466 448 5（约 98%）。由于训练数据和测试数据是随机分割的，所以每次运行程序所得到的识别率会有所不同。

怎么样？我们只用了几行程序就体验了机器学习。能够用这样简短的程序体验机器学习，是因为 Python 中提供了包含各种机器学习相关功能的库，而且 Python 是一种基于解释器的语言，我们可以通过简短的程序来试验库的功能，也可以方便地将手写数字的图像数据以可视化的形式显示出来。

12.7 尝试交叉验证

下面我们来尝试一下交叉验证。**交叉验证**是一种不断轮换训练数据和测试数据来进行机器学习的方法。由此，我们可以检验学习模型的识别率是否存在因学习数据的类型而出现偏差的情况。下面我们将所有数据分成三份并进行交叉验证。如**图 12-6** 所示，我们会进行三轮不同配置的机器学习。

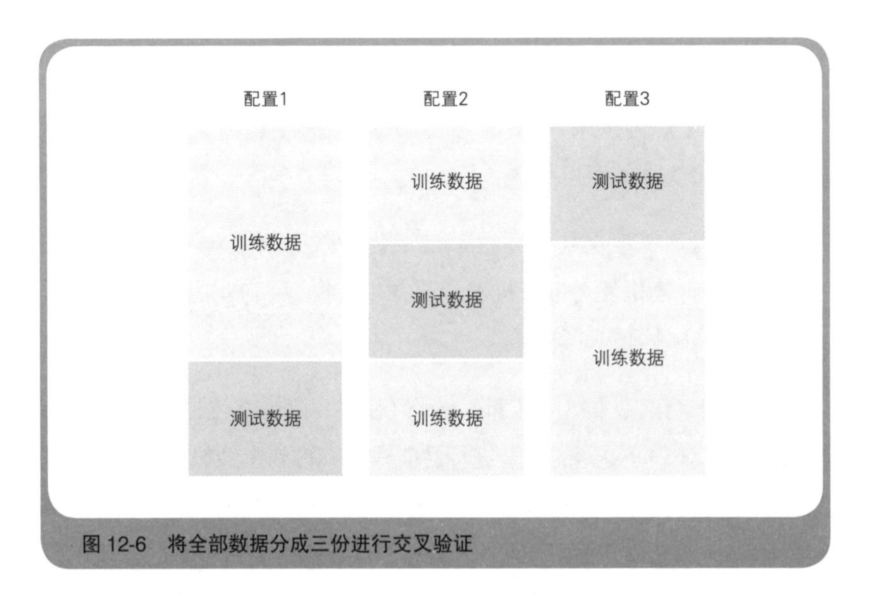

图 12-6 将全部数据分成三份进行交叉验证

请大家在 Python 的交互模式中运行**代码清单 12-7** 中的程序。

(1)～(4) 处和之前的程序一样，如果已经运行过之前的程序，就不需要输入这几行了。(5) 处从 sklearn.model_selection 模块导入了 cross_val_score 函数。

(6) 处使用 cross_val_score 函数进行三轮交叉验证。cross_val_score 函数的参数分别为学习器 clf、手写数字图像数据 digits.data、答案数据 digits.target，cv=3 表示交叉验证的轮数（数据分割的份数）。

程序显示的运行结果为 0.964 941 57、0.979 966 61、0.964 941 57，这表示三轮交叉验证得到的识别率分别约为 96%、98%、96%，我们可以认为不存在因学习数据类型而出现较大偏差的情况。

代码清单 12-7　进行交叉验证

```
>>> from sklearn import datasets ———————————————————— (1)
>>> digits = datasets.load_digits() ————————————————— (2)
>>> from sklearn import svm ————————————————————————— (3)
>>> clf = svm.SVC() ————————————————————————————————— (4)
>>> from sklearn.model_selection import cross_val_score —— (5)
>>> cross_val_score(clf, digits.data,  digits.target, cv=3) —— (6)
array([0.96494157, 0.97996661, 0.96494157])
```

机器学习是人工智能的领域之一。从早期计算机时代人们就开始研究人工智能，历史上也曾经出现过几次热潮。近年来人工智能之所以受到巨大的关注，是因为随着计算机性能的提高，人工智能逐渐进入实用领域。例如，让计算机识别字符、声音、图像等的机器学习，已经被很多企业和组织广泛使用。

到这里，机器学习的体验就告一段落了。初次体验机器学习的读者，是不是在计算机和程序的用法方面又打开了新的大门，并因此感到十分欣喜呢？

如果是你，你会怎样讲呢？

给常去的酒馆的老板讲解机器学习的类别

老板：欢迎光临！哟，看起来有点累啊，怎么了？

笔者：最近做了一个给小学生、初中生、高中女生还有邻居老奶奶讲计算机原理的企划，把我累得够呛。

老板：真是辛苦。结果怎么样？

笔者：他们差不多明白了。大概吧。

老板：厉害呀！（对店员说）喂，还不快点把毛巾拿出来！

笔者：哟，是新来的店员吗？

老板：是啊，昨天刚来的，但是记性不太好，让人操心。

笔者：哈哈，那这段时间得一直催他学习，学习！

老板：对了，我知道你挺累的，不过还是想跟你请教一个问题。

笔者：真是的，饶了我吧。

老板：好了好了，不要这样，我请你喝一杯。

笔者：这个可以！问吧。

老板：计算机好像能做很多事，不知道能不能让它学习些东西呢？

笔者：可以呀！就是机器学习嘛。

老板：机器学习啊。那到底是怎样学习的呢？

笔者：大体上可以分为有监督学习、无监督学习和强化学习这几种吧。

老板：哎呀，听起来有点难。能不能讲得简单一点呢？

笔者：那我就以让新来的店员掌握工作内容为例来讲吧。你来当老师，给店员示范正确的工作方法让他学习，就是有监督学习。

老板：我自己来教啊？太麻烦了，我的风格是让他们自己学会工作。

笔者：那就是无监督学习了。

老板：原来我一直采用这种正经的学习方法啊。还剩一种是什么来着？

笔者：是强化学习。强化学习就是如果做得好就给他奖励的学习

方法。

老板：哇，这是我最不擅长的。那我还是继续用无监督学习好了。

笔者：哈哈。

老板：学习好了之后能干什么呢?

笔者：这个啊，比如说有监督学习可以让计算机学会识别新的料理，或者根据气温来预测啤酒的销量之类的。识别料理属于分类问题，预测销量属于回归问题。

老板：让那个家伙（指新来的店员）来预测销量总觉得不靠谱，他要是能识别料理还是挺不错的。

笔者：那老板你就应该改用“有监督学习”了。

老板：也是。还是你厉害，这一瓶我请了!

附录 1
亲手尝试 C 语言

本书中大部分示例程序是用 C 语言编写的。完全没有编程经验的读者，或是刚开始学习编程的读者，直接看 C 语言源代码肯定会感到十分困惑。考虑到这部分读者，笔者会在附录 1 中介绍 C 语言的基本语法。

C 语言的特点

C 语言是由 AT&T 贝尔实验室的丹尼斯·里奇（Dennis Ritchie）于 1973 年开发的编程语言。C 语言虽然是一种高级编程语言，但拥有可媲美汇编语言的底层操作（内存操作、位运算等）能力，这是 C 语言的一大特点。同样由 AT&T 贝尔实验室开发的 UNIX 操作系统，最早是用汇编语言编写的，但后来其大部分代码又重新用 C 语言编写，由此提高了 UNIX 的可移植性，使很多不同类型的计算机可以使用 UNIX。UNIX 系的操作系统 Linux 也是用 C 语言编写的。

C 语言如今也是一门十分受欢迎的编程语言。在日本的信息处理技术考试中，考生可选择的编程语言包括 C 语言、Java、Python、汇编语言，以及表格计算软件，其中 C 语言被列为首选语言。

在如今的 Web 编程中，Java 和 C#（C Sharp）很受欢迎。Java 和 C# 并不是被全新设计的编程语言，它们都是在 C 语言的扩展语言 C++（C Plus Plus）的基础上被设计出来的。因此，只要掌握了 C 语言，学习 Java 和 C# 就会非常容易。此外，很多 C 编译器提供了将 C 语言源代码转换成汇编语言源代码的功能，而且 C 语言源代码中还可以混用汇编语言源代码，由此可见，C 语言和汇编语言之间的相容性非常高。

变量与函数

无论使用哪种编程语言，程序的内容都是由数据和操作构成的。不同的编程语言对于数据和操作的表示方法有所不同，在 C 语言中，数据用**变量**来表示，操作用**函数**来表示。因此，C 语言的程序是由变量和函数构成的（**图 A-1**）

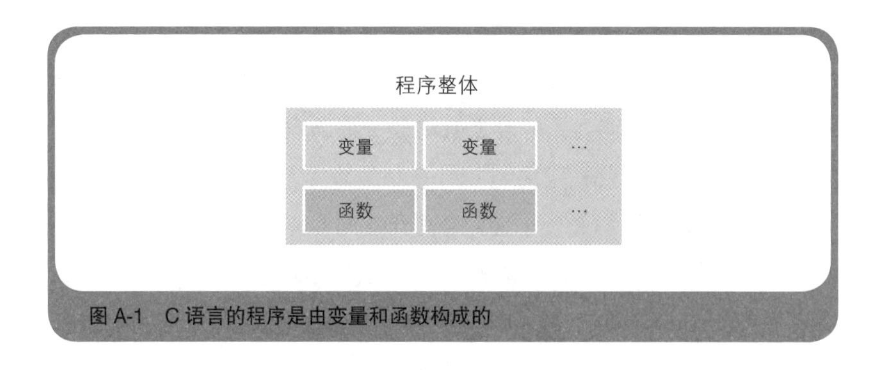

图 A-1　C 语言的程序是由变量和函数构成的

提到变量和函数这两个词，大家可能会想到数学。在数学中，变量是用 x、y、z 这样的字母来表示的，函数是像 $f(x)$ 这样在函数名（这

里 f 就是函数名）后面加上用括号包围的变量（这里 x 就是变量）来表示的。C 语言中变量和函数的表示方法和数学中一样。

但是，C 语言的变量和函数不能用数学的思维去理解，而要用编程的思维去理解。x、y、z 这样的变量，在数学上代表“某个值”，但在程序中则代表“**数据的容器**”。$f(x)$ 这样的函数，在数学上代表“由参数 x 确定的值”，但在程序中则代表“**对变量 x 用函数 f 进行操作**”。

数学中的 $y = f(x)$ 表达式表示“y 是 x 的函数”，但在程序中则代表“将变量 x 用函数 f 进行操作的结果赋值给 y”。数学中的等号代表等于，但等号在程序中代表**赋值**。C 语言中如果要表示等于，需要使用两个等号（==）。

程序员可以自己编写函数，也可以用事先编写好的，后者的函数由标准函数库（standard function library）提供。**标准函数库**是可供程序使用的各种通用功能的函数集合。例如，从键盘输入数据的 scanf，以及在屏幕上显示数据的 printf 等都是标准函数库中的函数。

数据类型

数学中的变量可以表示无限位数和精度的任意值。与之相对，程序中的变量能表示的位数和精度是有限的，因为计算机的存储容量有限。计算机根据需要事先定义的位数和精度就是**数据类型**。C 语言中主要的数据类型如**表 A-1** 所示。其中 char、short、int 都是用来表示整数的类型，float 和 double 则是用来表示小数的类型。

表 A-1　C 语言的主要数据类型（以 BCC32 为例）

名称	位数（比特数）	精度（能表示的十进制数的范围）
char	8	–128 ~ 127
short	16	–32 768 ~ 32 767
int（或 long）	32	–2 147 483 648 ~ 2 147 483 647
float	32	约 -3.4×10^{38} ~ 3.4×10^{38}
double	64	约 -1.7×10^{308} ~ 1.7×10^{308}

在程序中使用变量（赋值、运算、显示等）时，需要事先声明变量的数据类型和变量名。请看**代码清单 A-1** 中的示例。在 C 语言中，每条语句的末尾需要加上分号（;），// 后面的内容为注释（程序的说明）。这里 *a* = 123; 语句表示将 123 赋值给变量 *a*，这说明使用了变量 *a*，因此我们需要在这条语句之前，使用 int *a*; 语句对数据类型和变量名进行声明。声明变量时，会根据数据类型分配相应大小的内存空间，随后就可以通过变量名来读写指定的内存空间了。

代码清单 A-1　变量需要在使用前进行声明

```
int a;         // 声明 int 型变量 a
  :
a = 123;      // 将 123 赋值给变量 a
```

输入、运算、输出

函数的括号中不仅可以放变量，还可以放字符串和数值数据，它们都称为函数的**参数**。函数返回的处理结果称为**返回值**。使用函数的行为称为调用函数。为了便于理解，我们可以将函数比作工厂。参数相当于进入工厂的原料。原料在工厂中进行加工，返回值相当于工厂生产出的产品（**图 A-2**）。根据函数类型，有的函数没有参数，有的函数没有返回值。

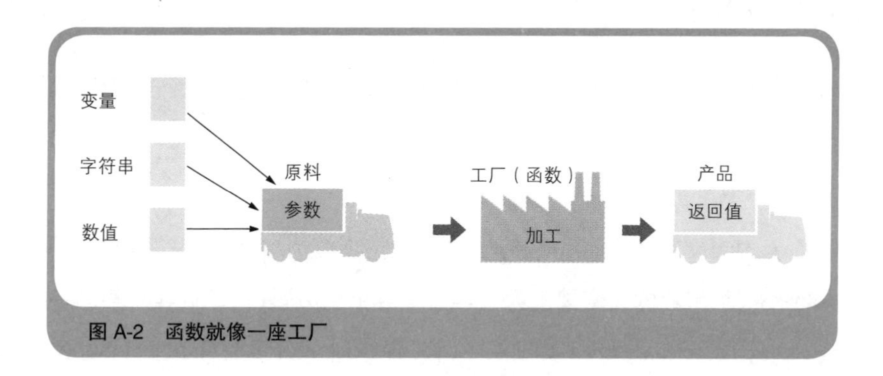

图 A-2　函数就像一座工厂

计算机有 4 种基本操作：输入数据、运算数据、输出结果和存储数据。即便是简单的示例程序，也需要从键盘输入数据，并将处理结果输出到屏幕上。因此，如果能编写一个运算从键盘输入的数据，然后将结果输出到屏幕上的程序（输入、运算和输出的过程中都会涉及在变量中存储数据），我们就算是掌握了 C 语言的基础。

请看**代码清单 A-2**。这段程序的功能是从键盘输入两个数，然后将它们的平均值显示在屏幕上。由于这里我们使用了只能表示整数的 int 型变量，所以平均值的小数部分会被舍弃。如果想要保留小数部分，可以将变量的数据类型改成 float 或者 double。

代码清单 A-2　进行输入、运算、输出的程序示例

```
int a, b, ave;           // 声明 int 型变量 a、b、ave
scanf("%d", &a);         // 从键盘输入 a
scanf("%d", &b);         // 从键盘输入 b
ave = (a + b) / 2;       // 将 a 和 b 的平均值赋值给 ave
printf("%d\n", ave);  // 在屏幕上显示 ave 的值
```

创建和使用函数

在 C 语言中，我们不能像代码清单 A-2 那样只将语句简单排列起来，而是必须将一组语句（这里是 5 行语句）整理成函数。“整理成函数”是说程序员要自己编写一个函数。

大型程序都是由多个函数组成的，而简单的程序也可以只有一个函数，这个函数的名字规定为“main”。main 是程序启动后执行的第一个函数。由多个函数构成的程序，在程序启动时也会先执行 main 函数，然后从 main 函数中调用其他函数，其他函数又可以调用别的函数，以此类推，形成一连串的函数调用。在一个简单的程序中，可以只有一个 main 函数，其中包含程序的所有操作。

在**代码清单 A-3** 中，我们将刚才的 5 行语句整理到了 main 函数中。其中，函数的内容用花括号 { 和 } 包围。由 { 和 } 包围的部分称为**块**，块就是一个整体的意思。对于块中的语句，为了表示它们位于花括号内部，我们在每行开头添加了缩进。这些语句是按照从上到下的顺序依次执行的。

代码清单 A-3　将所有语句都整理到 main 函数中的程序

```
#include <stdio.h>

int main(void) {
    int a, b, ave;          // 声明 int 型变量 a、b、ave
    scanf("%d", &a);        // 从键盘输入 a
    scanf("%d", &b);        // 从键盘输入 b
    ave = (a + b) / 2;      // 将 a 和 b 的平均值赋值给 ave
    printf("%d\n", ave);    // 在屏幕上显示 ave 的值
    return 0;               // 返回 0
}
```

int main(void) 代表 main 函数的返回值为 int 型且没有参数，其中

void 是“空”的意思。表示没有参数的 void 是可以省略的，因此 int main(void) 也可以写成 int main()。当 void 出现在函数名的前面时，如 void func()，代表这个函数没有返回值，这时，void 是不能省略的。

开头的 #include <stdio.h> 表示引用 stdio.h 文件。include 是“包含”的意思。stdio.h 中含有标准函数 printf 和 scanf 的声明，这样的文件称为**头文件**（header files）。头文件的扩展名是 header 的首字母“.h”。各种标准函数库所需要的头文件已经随编译器一起安装好了。

这个程序的内容很简单，没有必要分成多个函数来编写，但我们还是可以将它分成两个函数，具体如**代码清单 A-4** 所示。这里，main 函数中首先将从键盘输入的两个数据分别赋值给变量 *a* 和 *b*，然后将 *a* 和 *b* 作为参数交给新编写的 average 函数来处理，并将 average 函数的返回值赋值给变量 *ave*，最后将 *ave* 的值显示在屏幕上。average 函数的功能是返回两个参数的平均值。在这段程序中，我们在 main 函数中调用（使用）了 average 函数。

代码清单 A-4　在 main 函数中调用 average 函数

```
#include <stdio.h>

int average(int, int);    // average 函数原型声明

int main(void) {
    int a, b, ave;         // 声明 int 型变量 a、b、ave
    scanf("%d", &a);       // 从键盘输入 a
    scanf("%d", &b);       // 从键盘输入 b
    ave = average(a, b); // 将 average 函数的返回值赋值给 ave
    printf("%d\n", ave); // 在屏幕上显示 ave 的值
    return 0;              // 返回 0
}

int average(int a, int b) {
    return (a + b) / 2;  // 返回两个参数的平均值
}
```

int average(int a, int b) 代表 average 函数的返回值是 int 型，并需要两个 int 型的参数。return 是让函数返回一个值的语句，这里函数返回的值为 (a + b) / 2，即参数 a 和 b 的平均值。main 函数的返回值表示的是程序结束代码（表示程序结束状态的数值）。程序正常结束时就使用 return 0; 返回 0。

请大家看一下代码清单 A-4 中注释为"average 函数原型声明"的部分。编译器是按照从上往下的顺序来读取和编译源代码的，如果 main 函数中直接调用 average 函数，编译器就会因为找不到相应的函数而报错。因此，我们需要在源代码的开头加上 int average(int, int); 告诉编译器"接下来需要一个名叫 average、返回值为 int 型、有两个 int 型参数的函数"。这就是**函数原型声明**。

刚才我们讲过，头文件 stdio.h 中含有标准函数 printf 和 scanf 的声明，但准确来说，stdio.h 中含有的是 printf 和 scanf 的函数原型声明。由此，我们在程序中使用 printf 和 scanf 函数时，编译器就不会报错了。

局部变量与全局变量

在函数块内部声明的变量只能在该函数中使用，这样的变量称为**局部变量**。代码清单 A-4 中，main 函数块中声明的 *a*、*b*、*ave* 就是局部变量。我们可以使用参数来将局部变量的值传递给其他函数来处理。在代码清单 A-4 中，main 函数的局部变量 *a* 和 *b* 就以参数的形式传递给了 average 函数。

在函数块外部也可以声明变量（其他语句只能写在函数内部，但变量可以在函数外部声明），这样的变量称为**全局变量**。全局变量可以被程序中的所有函数使用，因此我们也可以使用全局变量将数据传递给其他函数。但是，如果在大型程序中过多地使用全局变量，就会让程序的内容变得复杂（不知道哪个函数使用了全局变量的值），请大家注意这一点。

代码清单 A-5 将代码清单 A-4 中的程序修改成使用全局变量的形式。注意，这里的 average 函数没有参数了。*ave* 依然是局部变量，因为它只在 main 函数中使用。

代码清单 A-5　使用全局变量的程序

```
#include <stdio.h>

int average(void);          // average 函数原型声明
int a, b;                   // 声明全局变量 a、b

int main(void) {
    int ave;                // 声明局部变量 ave
    scanf("%d", &a);        // 从键盘输入 a
    scanf("%d", &b);        // 从键盘输入 b
    ave = average();        // 将 average 函数的返回值赋值给 ave
    printf("%d\n", ave);    // 在屏幕上显示 ave 的值
    return 0;               // 返回 0
}

int average(void) {
    return (a + b) / 2;     // 返回两个参数的平均值
}
```

数组与循环

计算机擅长处理大量的数据。例如，在求 100 万个数的平均值时，计算机可以瞬间得出结果。程序中需要表示大量数据时，就需要使用**数组**这一形式。数组就是对所有数据赋予同一个名称（数组名），从 0 开始按顺序对其中的每个数据编号（称为**下标**），以此来区分各个数据。

100 万个数据准备起来比较麻烦，所以我们就编写一个求 10 个数平均值的程序吧。请看**代码清单 A-6**（同样功能的程序不使用数组也可以实现，但这里我们特意使用了数组）。

代码清单 A-6 求 10 个数平均值的程序

```
#include <stdio.h>

int main(void) {
    int data[10];       // 声明包含 10 个元素的 int 型数组 data
    int sum, ave, i;    // 声明 int 型变量 sum、ave、i

    sum = 0;            // 将用来保存累加结果的变量清零

    // 让 i 在 0 ~ 9 的范围内重复，每次 +1
    for (i = 0; i < 10; i++) {
        scanf("%d", &data[i]);  // 从键盘输入 data[i]
        sum += data[i];         // 将 data[i] 的值累加到 sum
    }

    ave = sum / 10;         // 将 sum 除以 10 的结果赋值给 ave
    printf("%d\n", ave);    // 在屏幕上显示 ave 的值

    return 0;               // 返回 0
}
```

int data[10]; 是数组的声明，意思是“准备一个包含 10 个元素的名为 data 的 int 型数组”。我们可以通过 data[0]～data[9] 来访问这 10 个元素，这种表示方式就像在 data 身后贴上号码一样。数组中的每个元素，其用法和普通变量完全一样。

我们从键盘重复进行 10 次输入，并将输入的数据依次赋值给 data[0]～data[9]。然后用变量 *sum* 进行 10 次累加操作，求出 data[0]～data[9] 的总和。最后用 *sum* 除以 10 得到平均值并将其赋值给 *ave* 并显示在屏幕上。

我们用 for (i=0; i<10; i++) {…} 这样的语句来表示重复 10 次的操

作。for 的圆括号中的内容由分号分隔成三个部分，从左到右分别表示循环开始时的一次性操作、循环继续执行的条件和每次循环结束后都要进行一次的操作。在对数组进行操作时，通常的做法是在 for 的圆括号中让表示下标的变量（这里是 *i*）从 0 开始每次加 1。这样的变量称为**循环变量**。for (*i*=0; *i* < 10; *i*++) 的意思是“开始循环时将 *i* 的值设为 0”“*i* < 10 条件成立时循环继续执行”“每次循环结束后将 *i* 的值 +1”。于是，*i* 的值会在 0～9 的范围内以 1 递增，for 块（{ 和 } 中间的部分）中的语句会重复执行 10 次。当 *i* 的值增加到 10 时，*i* < 10 的条件就不成立了，此时循环结束。

请大家注意 for 块中的 data[*i*] 这个写法，它表示数组 data 的第 *i* 个元素。由于 *i* 的值是在 0～9 的范围内以 1 递增，所以我们可以通过循环按照 data[0]～data[9] 的顺序对每个元素进行操作（这里的操作就是从键盘输入数据并累加到 *sum*）。

其他语法

C 语言的语法已经由 ANSI（American National Standards Institute，美国国家标准学会）进行了标准化。ANSI 将**表 A-2** 中的单词规定为 C 语言的**保留字**（reserved word，就是包含特殊意义的单词，也叫关键字）。如果理解了这些保留字的含义和用途，C 语言语法的学习也就算告一段落了。我们已经接触了附录 1 中很多保留字的用法，大家可以数一数还有多少没有接触到的保留字，以此来估算还需要继续学习多少内容才能掌握 C 语言。

表 A-2 C 语言的保留字(按字母表顺序)

保留字	含 义
auto	声明变量为自动推测的数据类型
break	跳出循环或 switch 分支
case	在 switch 分支语句中使用
char	8 位整数数据类型
const	表示不会改变的量(常量)
continue	继续下一次循环
default	在 switch 分支语句中使用
do	在 while 循环中使用
double	64 位浮点数数据类型
else	在 if 分支语句中使用
enum	声明枚举类型
extern	表示关联其他文件中的变量和函数
float	32 位浮点数数据类型
for	循环语句
goto	跳转至任意标签
if	分支语句
int	32 位整数数据类型(BCC32 中)
long	32 位整数数据类型
register	如果有可能,尽量将变量存储在 CPU 内部寄存器中而非内存中,以提高运行速度
return	从函数中返回被调用位置(同时返回返回值)
short	16 位整数数据类型
signed	表示带符号数据类型
sizeof	获取数据长度
static	函数调用完毕后依然保留局部变量的值
struct	声明结构体
switch	分支语句

（续）

保留字	含　义
typedef	为现有数据类型定义别名
union	声明联合体
unsigned	表示无符号数据类型
void	表示没有参数或返回值
volatile	抑制编译器对变量的优化
while	循环语句

最后给大家介绍一些学习C语言的窍门。不仅是C语言，学习任何编程语言的语法，都不能死记硬背，而是要反复亲手编写程序，观察运行结果，在这个过程中掌握编程语言。我们不能像记公式一样只记住语法的形式，要理解其具体的用法。懂语法但编写不出程序与懂英语的语法但无法用英语交流是一样的。无论是C语言还是英语，实践才是唯一有效的学习方法。在C语言的语法中，指针和结构体通常被认为是最难的部分，不过这里我们并没有学习这部分内容。要征服指针和结构体，就要关注它们具体的使用场景，并大量编写程序。

刚开始学习的时候，大家可以模仿教材中的示例程序，随后可以尝试对示例程序的部分内容进行修改。能熟练修改之后，就可以尝试将几个示例程序组合起来，编写一个自己原创的程序。不要犹豫，放开手脚去编写程序吧。在编写程序的时候，要在头脑中对程序的结果有一个预期，如果没有得到和预期相符的结果，要仔细思考原因并不断挑战。在这个过程中要反复盯着一段程序看，这样语法也就自然而然地印在脑中了。至于如何找出程序无法得出预期结果的原因，本书中介绍的CPU和内存原理的相关知识应该会派上用场。

经过反复试错，一定能够得到和预期相符的结果，这时你已经是一名合格的程序员了。编程的本质是将程序员的思路用编程语言的语法表达出来，然后交给计算机来执行。学会编程，就能够让计算机按照自己的意愿来工作，这是一件充满乐趣的事。通过阅读本书理解了程序运行的原理之后，相信大家一定能够进一步体会到编程的乐趣所在。

附录 2
亲手尝试 Python

本书第 12 章的示例程序是用 Python 编写的。相信有些读者是第一次接触 Python，考虑到这部分读者，笔者会在附录 2 中对 Python 的基本语法进行简单的介绍。编程语言有很多种类，但大多数语言采用了基于英语和数学算式的语法。因此，只要掌握了一种编程语言，就可以通过对比的方式轻松学习其他编程语言。下面我们就来对比附录 1 中介绍的 C 语言，看一下 Python 的语法。

Python 的特点

Python 是荷兰程序员吉多・范罗苏姆（Guido van Rossum）于 1991 年开发的编程语言。Python 这个词是巨蟒的意思，之所以会起这个名字，是因为范罗苏姆是英国电视节目《巨蟒剧团之飞翔的马戏团》（*Monty Python's Flying Circus*）的粉丝。

C 语言是一种编译型语言，而 Python 是一种解释型语言，这是 Python 相比 C 语言最大的特点。在 C 语言中，我们需要用编译器将编写好的源代码转换成机器语言的可执行文件，然后运行这个可执行文件。在 Python 中，我们要用解释器读取并运行编写好的源代码，这称为**脚本模式**。我们还可以先启动 Python 解释器，然后逐行输入语句并执行，这称为**交互模式**。

在脚本模式中，Python 程序被保存成扩展名为“.py”的文件。在安装好 Python 的命令提示符环境下输入“python 文件名 .py”就可以运行指定的程序了。在交互模式中，我们需要先在命令提示符中输入“python”，启动 Python 解释器，然后在 >>> 提示符后面输入程序语句来执行。在编写较长的程序或者需要反复使用的程序时，一般使用的是脚本模式。编写较短的程序或者不需要反复使用的程序时，使用交互模式就比较方便了。

Python 是一种近年来非常受欢迎的编程语言。在日本的信息处理技术考试中，截至 2019 年，考生可选择的编程语言包括 C 语言、Java、COBOL、汇编语言，以及表格计算软件，但从 2020 年起，该考试选用 Python 代替了 COBOL，这是因为在实际的开发项目中，使用 Python 的场景越来越多了。

Python 的语法和 C 语言的语法有类似的部分，也有不同的部分。例如，在 C 语言中，语句必须写在函数内部，但在 Python 中同样的内容只要单纯写成语句就可以了。因此，在 Python 中我们可以更容易地编写短小的测试程序。第 12 章我们体验机器学习时，也是单纯写出语句来执行的。

在脚本模式中，需要使用 print 函数将数据显示在屏幕上，但在交互模式中不需要使用 print 函数，只要输入变量名并按下回车键，屏幕上就可以显示出变量的值了，输入函数调用并按下回车键也可以在屏幕上直接显示出函数的返回值。这个功能对于运行简短的程序非常方便。第 12 章中我们体验机器学习时使用的就是这种方法。

一切皆对象

下面我们通过与 C 语言进行对比来看一下 Python 的语法。和 C 语言一样，Python 也使用变量和函数，例如 $y = f(x)$ 表示“将变量 x 经过函数 f 处理的结果赋值给变量 y”。但是在 Python 中，无论是数据还是操作，在内存中的实际形态都是**对象**，变量中存储的实际上是对象的识别信息。

除了单独的数据或操作，我们还可以将多个数据和操作打包成对象。对象所拥有的数据和操作是通过类来定义的，**类**就相当于对象的数据类型。反过来说，对象就是类的**实例**（instance）。

我们可以使用 Python 内置的 type 函数来查看一个对象是哪一个类的实例，可以使用 id 函数查看对象的识别信息，还可以使用 dir 函数查看对象所具有的功能（数据和操作）。

例如，在**代码清单 B-1** 中，我们将数据 123 赋值给变量 a，然后查看其值、类、识别信息和功能。这里使用的是交互模式，所以 >>> 后面要输入程序语句，开头没有 >>> 的行表示程序的运行结果。# 后面是注释，用于解释程序的功能，不需要输入（后面出现的示例程序都是这样的）。

代码清单 B-1　查看对象的值、类、识别信息和功能

```
>>> a = 123          # 将 123 赋值给变量 a
>>> a                # 查看对象的值
123                  # 值为 123
>>> type(a)          # 查看对象的类
<class 'int'>        # int 类
>>> id(a)            # 查看对象的识别信息
```

```
140715393042016      # 识别信息为 140715393042016
>>> dir(a)           # 查看对象的功能
['__abs__', '__add__', '__and__', '__bool__', '__ceil__',
'__class__', '__delattr__', '__dir__', '__divmod__',
'__doc__',
(  中间省略  )
'as_integer_ratio', 'bit_length', 'conjugate', 'denominator',
 'from_bytes', 'imag', 'numerator', 'real', 'to_bytes']
                      # 这个对象具有很多功能
```

通过上面这个例子我们可以发现，123 并不是一个单纯的数值，而是 int 类的对象，具有很多功能。对象所具有的功能称为**方法**（method）。使用方法的语法是"对象名 . 方法名 (参数)"。

例如，在**代码清单 B-2** 中，我们使用了 int 类中定义的 bit_length 方法。a.bit_length() 代表调用 *a* 的 bit_length 方法。bit_length 方法可以返回数据用二进制表示时所需的比特数，例如 123 用二进制表示为 1111011，一共 7 比特，因此结果会返回 7。

代码清单 B-2　调用 int 类中定义的 bit_length 方法

```
>>> a = 123           # 将 123 赋值给变量 a
>>> a.bit_length()    # 调用 a 的 bit_length 方法
7                     # 显示比特数
```

函数和类可以是程序员自己编写的，也可以是 Python 事先准备好的。Python 事先准备好的函数和类称为**内置函数**（built-in function）和**内置类**（built-in class，也称内置类型、内置对象）。刚才我们使用的 type 函数、id 函数和 dir 函数就是内置函数。用于键盘输入的 input 函数和用于在屏幕上输出信息的 print 函数也是内置函数。

在 Python 中，除了内置函数和内置类，我们还可以使用其他的函数和类，这些函数和类称为库。Python 标准提供的库称为**标准库**，根据需要另外安装的库称为**外部库**（external library）。包含库程序的文件称为模块，当我们需要使用某个库时，可以使用“import 模块名”语句导入指定的模块。

数据类型

C 语言的 int 型、float 型等数据类型在 Python 中大体上对应的是 int 类和 float 类。C 语言中每种数据类型都有固定的长度以及能表示的数据范围，但 Python 中并不是这样的。Python 的主要数据类型（类）如**表 B-1** 所示。如果是整数就使用 int 类，如果是小数就使用 float 类。

表 B-1　Python 的主要数据类型（类）

名称	数据类型
int	整数
float	小数（浮点数）
str	字符串
bool	布尔值（True 或 False）

在 C 语言中，变量在使用之前必须声明其数据类型和变量名，但在 Python 中，变量无须声明即可使用。这是因为任何变量在内存中都只用来储存对象的识别信息，变量本身的数据类型是相同的。**代码清单 B-3** 就是一个在不声明变量的情况下使用变量的示例。在 Python 中，字符串需要用双引号（"）或单引号（'）包围起来，布尔值则用关键字 True（真）和 False（假）来表示。

代码清单 B-3　Python 中在不声明变量的情况下使用变量

```
>>> a = 123        # 将整数赋值给 a
>>> b = 3.45       # 将小数赋值给 b
>>> c = "hello"    # 将字符串赋值给 c
>>> d = True       # 将布尔值赋值给 d
```

输入、运算、输出

代码清单 B-4 是一个从键盘输入两个数并显示其平均值的程序。input 函数会返回从键盘输入的字符串，然后使用 int 函数将输入的字符串转换成整数，之后求平均值。

代码清单 B-4　输入、运算、输出的程序示例

```
a = input()            # 从键盘输入 a
a = int(a)             # 将 a 转换成整数
b = input()            # 从键盘输入 b
b = int(b)             # 将 b 转换成整数
ave = (a + b) / 2      # 将 a 和 b 的平均值赋值给 ave
print(ave)             # 在屏幕上显示 ave 的值
```

请大家将这个程序另存为 listB_1.py 文件，并保存到 C:\NikkeiBP 目录中（保存时请选择 UTF-8 文字编码，后面的程序也一样）。启动命令提示符，将当前目录移动到 C:\NikkeiBP，然后输入 python listB_1.py 并按下回车建，就可以用脚本模式来运行程序了。程序的运行结果如**代码清单 B-5** 所示。这里我们输入了 "100" 和 "200" 这两个字符串，程序将它们转换成整数 100 和 200，然后求出它们的平均值，最终显示出结果 150.0。

代码清单 B-5　代码清单 B-1 的运行结果示例

```
(base) C:\NikkeiBP>python listB_1.py
100
200
150.0
```

创建和使用函数

下面我们将代码清单 B-5 中求两个数平均值的操作写成一个函数

（**代码清单 B-6**）。在 Python 中，我们需要使用“def 函数名 (参数): ”来定义函数。下面我们就定义一个返回参数 a 和 b 平均值的 average 函数。函数中的语句需要在每行开头用半角空格进行缩进，一般来说缩进的长度为 4 个半角空格。在 C 语言中，块是用 { 和 } 包围起来再加上缩进来表示的[①]，而在 Python 中，块**仅通过缩进来表示**。在 C 语言中，函数需要指定参数和返回值的数据类型，但在 Python 中则不需要指定，因为无论是参数还是返回值，其本质上都是对象。和 C 语言一样，Python 中也是用 return 语句来返回返回值的。

代码清单 B-6　定义求两个参数平均值的 average 函数

```
def average(a, b):          # 定义 average 函数
    ave = (a + b) / 2       # 编写函数处理内容
    return ave              # 函数的返回值
```

请大家将这个程序另存为 listB_2.py 文件，并保存到 C:\NikkeiBP 目录中。这个文件是包含 average 函数定义的模块，如果我们要在交互模式中使用 average 函数，就需要按照**代码清单 B-7** 的方式，使用 import 语句来导入这个模块。导入模块时，可以省略文件的扩展名 .py。导入模块后，我们就可以使用“模块名 . 函数名 (参数)”的形式来使用函数了，如 listB_2.average(100,200)。

代码清单 B-7　使用 average 函数的程序（其一）

```
>>> import listB_2                # 导入模块
>>> listB_2.average(100, 200)     # 使用函数
150.0                             # 显示函数的返回值
```

import 语句还有其他一些不同的形式。如**代码清单 B-8** 所示，我们可以用“import 模块名 as 别名”的形式，为模块名赋予一个简短的

① C 语言中缩进不是必需的，没有缩进的代码也可以正确编译运行。
——译者注

别名，然后通过“别名 . 函数名 (参数)”来使用函数。

代码清单 B-8 使用 average 函数的程序（其二）

```
>>> import listB_2 as b2      # 以 b2 为别名导入模块
>>> b2.average(100, 200)      # 使用函数
150.0                         # 显示函数的返回值
```

如**代码清单 B-9** 所示，我们还可以使用“from 模块名 import 函数名”的形式在不指定模块名的情况下使用其中的函数。

代码清单 B-9 使用 average 函数的程序（其三）

```
>>> from listB_2 import average    # 导入指定的函数
>>> average(100, 200)              # 使用函数
150.0                              # 显示函数的返回值
```

局部变量与全局变量

和 C 语言一样，在 Python 中，函数块内部声明的变量就是只能在该函数中使用的**局部变量**，而在函数块外部声明的变量就是整个程序的函数和类都可以使用的**全局变量**。

需要注意的是，在 Python 的情况下，在函数块中对一个变量赋值表示的是赋值给一个新的局部变量。例如，在**代码清单 B-10** 中，我们先将 123 赋值给全局变量 *a*，然后在 my_func 函数块中将 456 赋值给变量 *a*。因为调用了 my_func 函数，所以大家可能会认为此时全局变量 *a* 被赋值为了 456，但实际上 456 在 my_func 函数块中赋值给了局部变量 *a*，而此时全局变量 *a* 的值依然是 123。

代码清单 B-10 对全局变量进行赋值的程序

```
>>> a = 123           # 将 123 赋值给全局变量 a
>>> def my_func():    # 定义 my_func 函数
```

```
...     a = 456       # 将456赋值给变量a
...                   # 按下回车键结束函数定义
>>> my_func()         # 调用my_func函数
>>> a                 # 查看全局变量的值
123                   # 依然是123
```

要在函数块中对全局变量进行赋值，我们需要使用“global 全局变量名”这样的形式进行全局声明。**代码清单 B-11** 在前面代码清单 B-10 的 my_func 函数中增加了一行对变量 *a* 的全局声明，这一次我们就成功地在函数块中将全局变量 *a* 赋值为 456 了。

代码清单 B-11　对全局变量进行赋值的程序

```
>>> a = 123           # 将123赋值给全局变量a
>>> def my_func():    # 定义my_func函数
...     global a      # 对变量a进行全局声明
...     a = 456       # 将456赋值给变量a
...                   # 按下回车键结束函数定义
>>> my_func()         # 调用my_func函数
>>> a                 # 查看全局变量的值
456                   # 已赋值为456
```

数组与循环

在 C 语言中，我们可以用数组来表示大量数据，并从 0 开始按顺序给各元素编号（称为下标），以此来区分其中的每一个元素。在 Python 中表示大量数据时并不使用数组，而是使用列表、元组、字符串、字典、集合等类，其中**列表**和 C 语言中的数组用法相同。**代码清单 B-12** 就是一个求列表中元素平均值的程序。列表使用 [和] 来包围数据，并使用逗号来分隔每个元素。

代码清单 B-12　求列表中元素平均值的程序（其一）

```
>>> data = [1, 2, 3, 4, 5, 6, 7, 8, 9, 10]  # 创建列表data
>>> total = 0                    # 将总和total清零
```

```
>>> for n in data:              # 从列表中逐一取出元素并赋值给n
...     total += n              # 将n累加到total
...                             # 按下回车键结束块
>>> ave = total / len(data)     # 求平均值并赋值给ave
>>> ave                         # 查看ave的值
5.5                             # 显示平均值
```

我们使用“for 变量 in 列表:”这样的块结构从列表中逐一取出元素。这个语句会将列表中的元素从头到尾逐一取出并赋值给指定的变量。在块中就可以使用该变量来访问取出的元素。这里我们使用“for *n* in data:”，该语句表示从 data 列表中逐一取出元素并将它们赋值给变量 *n*。块中的“*total* += n”语句代表将元素 n 的值累加到变量 *total* 中（在附录 1 的 C 语言程序中，我们用 sum 表示求和变量名，但由于 Python 中存在一个名为 sum 的内置函数，所以我们将变量名改成了 *total*）。

ave = *total* / len(data) 中的 len 是一个返回列表元素数量的内置函数。由此，变量 *ave* 就得到了列表元素的平均值。在 C 语言中，我们可以通过 data[i] 这种方式来指定下标，访问数组中的元素。在 Python 中尽管我们也可以使用同样的语法，但“for n in data:”语句中是不需要指定下标的。

Python 中有一个可以返回列表中所有元素之和的内置函数 sum。使用这个函数，就可以将与代码清单 B-12 功能相同的程序用更简短的形式写出来，如**代码清单 B-13** 所示。Python 中提供了很多事先编写好的函数和类，因此我们可以用简短的程序来实现各种操作，这也是 Python 区别于 C 语言的一大特点。

代码清单 B-13　求列表中元素平均值的程序（其二）

```
>>> data = [1, 2, 3, 4, 5, 6, 7, 8, 9, 10]  # 创建列表data
>>> ave = sum(data) / len(data)  # 求平均值并赋值给ave
>>> ave                          # 查看ave的值
5.5                              # 显示平均值
```

其他语法

如表 B-2 所示，Python 官方网站[①]的语言参考手册中规定了 Python 的**保留字**。如果理解了这些保留字的含义和用途，关于 Python 语法的学习也就算告一段落了。我们在附录中已经接触了很多保留字的用法，大家可以数一数还有多少保留字没有接触到，以此来估算还需要继续学习多少内容才能掌握 Python。掌握 Python 的技巧和 C 语言的情况一样，需要我们反复亲手编写程序，观察运行结果，在这个过程中掌握这门编程语言。

表 B-2　Python 的保留字（按字母表顺序）

保留字	含　义
and	逻辑与运算
as	赋予别名
assert	用于程序测试
async	用于协程
await	用于协程
break	跳出循环
class	定义类
continue	继续执行循环
def	定义函数
del	从内存中删除对象
elif	用于条件分支
else	用于条件分支、循环和异常处理
except	用于异常处理
False	表示“假”的关键字

① 官方网站可从 ituring.cn/article/510267 中查看。——编者注

（续）

保留字	含　　义
finally	用于异常处理
for	用于循环
from	用于导入模块
global	声明全局变量
if	用于条件分支
import	用于导入模块
in	检查元素是否存在
is	检查是否为同一对象
lambda	定义 lambda 表达式
None	表示“空”的关键字
nonlocal	闭包引用函数外部的变量
not	逻辑非运算
or	逻辑或运算
pass	表示空块
raise	产生异常
return	从函数和方法中返回被调用位置（同时返回返回值）
True	表示“真”的关键字
try	用于异常处理
while	用于循环
with	自动执行关闭操作
yield	生成器函数生成数据

后记

在日本，有句川柳（一种诗歌形式）是这么说的：“鬼其实只是枯萎的花。”这句话描述了一种因为心里害怕而把枯萎的花错看成鬼的心理。这种心理放在程序上也是一样的。在看清本质之前，人们往往觉得程序很难，很可怕。笔者至今都忘不了第一次接触程序时的那种忐忑不安的心情。

对于读完本书的各位读者来说，程序应该已经没有什么可怕的了，因为大家已经感受到了程序的工作原理并不难。即便计算机的发展日新月异，程序的本质应该也不会产生很大的变化，因此大家不妨勇敢地向新技术不断发起挑战。

在此向阅读本书的各位读者表示衷心的感谢。祝各位取得更大的进步！

致谢

在本书出版和修订的过程中，《日经 Software》（连载时）的柳田俊彦总编、早坂利之记者、畑阳一郎记者，出版社（现日本经济新闻社）的高畠知子女士、田岛笃先生以及各位工作人员自本书策划阶段起就提供了巨大的帮助，在此笔者表示衷心的感谢。此外，针对笔者在《日经 Software》上连载的专栏“程序是怎样跑起来的”，以及本书第 1 版、第 2 版，很多读者指出其中的不足和错误并给予笔者鼓励，借此机会也向各位表示衷心的感谢。

版权声明